印象手绘

还有更多好书

升级的原则：是什么，为什么，应该怎么

升级的目的：知其然，还要知其所以然

升级后：建筑手绘的着色技法讲解更加完整，能完全满足初学者的学习需求，同时还增加了 50 种配色和表现方案。

升级后：专门将透视知识与建筑手绘融合在一起，而不是单一的通过基础体块对透视进行讲解。

升级后：配景章节增加了大量的理论讲解和绘制过程分析，对每一张图的用线与笔触都进行了深入解析，这样与后面的综合案例表现更好地进行了融合与过渡。

01 前期准备

对建筑手绘的作用、意义、使用工具、绘画姿势进行讲解。本章知识在全书的占比为 6%。

02 基础训练

对建筑手绘的线条、色块、纹理和几何形体表现进行讲解。本章知识在全书的占比为 10%。

03 光影与色彩

对建筑手绘的光影、明暗、色彩表现、色彩搭配、着色技法进行讲解。本章知识在全书的占比为 13%

04 透视与构图

对建筑手绘的各种透视和构图方法进行分析、讲解、演示和对比。本章知识在全书的占比为 10%。

全视频课程

附赠 35 集多媒体教学录像，长达 837 分钟，共 4.28GB。支持在线观看和下载观看两种学习方式。

05 材质表现

对建筑手绘的各种常用材质进行线稿和上色演示，共 44 种。本章知识在全书的占比为 10%。

06 配景表现

对建筑手绘的各种不同配景进行分析和手绘演示，共 19 个案例。本章知识在全书的占比为 30%。

07 综合实例

对各种不同类型的建筑进行分类演示和表现，每个步骤都有细节说明。本章知识在全书的占比为 16%

08 平面图表现

对建筑的立面图、平面图、剖面图进行分析讲解和演示。本章知识在全书的占比为 5%。

想要获得更多手绘前沿资讯可以在微博 @ 设计 – 手绘或者加入手绘学习交流群（12225816）预定学习方案

还有更多好书

升级的原则：是什么，为什么，应该怎么

升级的目的：知其然，还要知其所以然

升级后：将线条表现知识单独作为一个章节，对于线条知识的讲解也更加完善。

升级后：上色章节增加了大量的理论讲解和色彩分析，针对每一张图的配色与笔触，为读者提供了参考。

升级后：降低了景观配景表现章节的案例难度，加强了设计感的体现，更加适合读者学习，也更好地起到了整体知识学习的过渡与承接作用。

升级后：新增加了综合案例表现章节，也是对前面所学知识的总结与提升，同时又加强了对大型案例的整体把控。

01 前期准备

对景观手绘的表现心态、需要工具和手绘姿势进行讲解。本章知识在全书的占比为 3%。

02 线条练习

对景观手绘的直线、曲线、抖线，以及各种线条的综合运用进行讲解。本章知识在全书的占比为 6%。

03 构图与透视

对景观手绘的各种构图方法和透视表现进行了全面分析讲解。本章知识在全书的占比为 11%

04 上色技法

对景观手绘的色彩基础知识和如何使用马克笔和彩铅上色进行全面讲解。本章知识在全书的占比为 18%。

全视频课程

附赠 27 集多媒体教学录像，长达 726 分钟，共 4.28GB。支持在线观看和下载观看两种学习方式。

05 材质表现

对景观手绘的各种常用材质进行线稿和上色演示，共 29 个案例。本章知识在全书的占比为 18%。

06 配景表现

对景观手绘的各种不同配景进行分析和手绘演示，共 19 个案例。本章知识在全书的占比为 22%。

07 综合实例

对各种不同类型的景观进行分类演示和表现，每个步骤都有细节说明。本章知识在全书的占比为 12%

08 平面图表现

对景观立面图、平面图、剖面图、鸟瞰图、分析图进行分析讲解和演示。本章知识在全书的占比为 10%。

想要获得更多手绘前沿资讯可以在微博 @ 设计－手绘或者加入手绘学习交流群（12225816）预定学习方案

印象手绘

室内设计手绘教程

（第2版）

李磊 编著

人民邮电出版社

北京

图书在版编目（CIP）数据

印象手绘 ：室内设计手绘教程 / 李磊编著. -- 2版
. -- 北京 ：人民邮电出版社，2016.4（2024.2重印）
ISBN 978-7-115-41833-3

Ⅰ．①印… Ⅱ．①李… Ⅲ．①室内装饰设计—绘画技
法—教材 Ⅳ．①TU204

中国版本图书馆CIP数据核字(2016)第045839号

内 容 提 要

本书是一本全面讲解室内手绘设计的综合教程，注重知识的系统性和实用性，涵盖了室内手绘设计的方方面面。全书共分为 8 章，第 1 章讲解了如何认识手绘、手绘的表现类型等知识，并给初学者提出了一些建议；第 2 章讲解了手绘效果图的基本要素，包括手绘工具、线条、阴影排线和透视的基本规律等；第 3 章讲解了室内陈设的表现方法，包括单体家具、组合家具和家具图例等内容；第 4 章讲解了室内线稿的绘制方法，包括家居空间、办公空间和商业空间的绘制步骤；第 5 章讲解了马克笔和彩色铅笔的特点及用法，以及家具的着色步骤；第 6 章讲解了室内手绘的上色方法，包括家居空间、办公空间和商业空间的着色方法；第 7 章讲解了室内空间快速草图表现；第 8 章讲解了室内空间设计的综合表现。全书知识结构清晰，讲解循序渐进，案例丰富，步骤细致深入。

本书附带教学资源，是精心为读者准备的视频教学资料。能将室内手绘知识更清晰、更直观、更具体地展现给每一位读者，将会为您的室内手绘学习之路扫清障碍。

本书适合室内设计、景观设计和建筑设计等专业的在校学生，以及所有对手绘感兴趣的读者阅读，同时也可以作为手绘培训机构的教学用书。

◆ 编　著　李　磊
　　责任编辑　张丹阳
　　责任印制　陈　犇

◆ 人民邮电出版社出版发行　　北京市丰台区成寿寺路 11 号
　　邮编　100164　　电子邮件　315@ptpress.com.cn
　　网址　https://www.ptpress.com.cn
　　涿州市般润文化传播有限公司印刷

◆ 开本：880×1092　1/16
　　印张：14.5　　　　　　　　　　　2016 年 4 月第 2 版
　　字数：460 千字　　　　　　　　2024 年 2 月河北第 35 次印刷

定价：79.80 元

读者服务热线：(010)81055410　印装质量热线：(010)81055316
反盗版热线：(010)81055315
广告经营许可证：京东市监广登字 20170147 号

艺绘木阳
设计教育机构
DESIGN EDUCATION
INSTITUTIONS

艺绘木阳简介

艺绘木阳设计教育坐落于天津，成立于2011年，是一家从事环艺专业相关技能培训的教育机构。主要针对就业及学术两个方向安排和设计相应课程，达到高效、优质的教学效果。

我们将手绘与学术和就业完美结合，带领学员多次参加全国性设计手绘大赛，并取得卓越成绩。考研培训更是将表现和方案设置为专人专讲，由《中国手绘》杂志执行编委负责表现技法的讲解、由从事设计十余年的专业设计师进行方案指导。考研专业考试通过率达到98%以上。

软件部分则与就业实践相挂钩，让学员在学习软件制图的同时掌握方案设计能力，并且定期从专业设计公司聘请从业设计师及材料师讲解公开课，再配合现场工地实践活动，使我们的教学更加全面。

对于想就业的学员，我们更提供了专业公司的专场招聘面试会，方便学员的就业与实习。

艺绘木阳还是众多一线装饰设计公司独家合作的培训机构，更为多家公司制定设计师标准，是天津地区一家可以提出设计师从业标准的教育培训机构。

前言（第2版）

　　手绘表现的目的不在于效果图有多么漂亮，而在于把新鲜的设计想法简单快速地提供给甲方并让其认可设计师的设计。

　　本书致力于总结手绘学习中出现的常见问题，对于初学者出现的各类问题认真梳理并细致分析具体的解决方法。从最基础的技法入手，帮助初学者解决不知如何入手学习手绘的难题。书中整理了丰富的手绘表现资料和课堂教学实例，仔细解剖了学习手绘过程中需要掌握的各个细节，力求细致深入，浅显易懂，配合方案草图到效果图的前后对比，让读者更快地了解手绘的应用方向。

　　本书的整体框架结构和内容体系的确定，主要以课堂实践中积累的经验和学生的反馈为前提，并遵循在实际设计表达中能够高效实用的原则。编写过程中将每个步骤图都细化到极致，帮助初学者了解每一个步骤的画法，更容易达到自学效果。

　　手绘表现不仅是画出一幅完整的效果图，也不仅是致力于学会某种工具的表现技法，而是应该能够独立完成设计工作，把握设计思路的理念和方法，并将最终成果完整全面地呈现出来。本书讲解的内容从基础线条到单体家具，到室内空间线稿及上色，再到方案设计的表达，是一个循序渐进的过程，希望尽可能地帮助读者真正理解设计和表现的内在关系。

　　本书附带下载资源，扫描封底的"资源下载"二维码，即可获得下载方法，下载为读者精心准备的视频教学资料。资源下载过程中如有疑问，可通过我们的在线客服或客服电话与我们联系。

　　在学习的过程中，如果读者遇到任何问题，可以加入"印象手绘（12225816）"读者交流群，在这里将为大家提供本书的"高清大图""疑难解答"和"学习资讯"，分享更多与手绘相关的学习方法和经验。此外也欢迎读者与我们交流，我们将竭诚为读者服务。

　　您可以通过以下方式来联系我们。
　　客服邮箱：press@iread360.com
　　客服电话：028-69182687、028-69182657

编者
2016年1月

（第1版）前言

在室内设计中，构思分析和灵感创意是设计过程中必不可少的核心环节，而这些环节的表达，都是从手绘开始的。也可以说，所有的创意构思都离不开手绘的表达。

绘制表现图要求设计师的眼、手、脑相互协调，默契配合。一个有亮点的创意，一个有创新价值的方案，需要设计师以高昂的创作热情，用最直接、最简便、最真切的手绘形式表现出来。

手绘表现是目前各大高校设计专业开设的必修课程，也是很强的实践课，是环境艺术设计专业学生必备的专业能力之一。其重点在于训练学生快速表现的能力，在迅速、准确而高效的徒手表现中激发设计师的设计灵感，拓展想象空间，并在与设计师和甲方进行交流的过程中起到关键作用。

本书在编写过程中顺应时代对专业的要求，内容上强调多样性，并对当今社会行业工作中运用的表现技法以及研究生考试时所需要的绘图表现技法做了详细的步骤介绍。在表现技法方面，本书详细介绍了空间线稿、马克笔及快速表现等实用技法，增大了室内设计手绘中正在被广大设计师采用的表现技法的篇幅，舍去了现代设计表达中很少采用的表现技法，强调科学性与实用性，方便读者学习。本书也可作为从事相关专业的艺术设计学生、设计师及工程技术人员的参考用书。

笔者能够编写本书，要感谢我的朋友李诚对我的无私帮助，感谢我的挚友刁晓峰为我提供精美图片，感谢我的合作伙伴蒋阳、李超为我提供大量的室内案例，感谢培训班的老师宁宇航及我的学生冯冰、郭丹丹、许威、宋著富、付岳潇、贾文博、侯志博、胡小豹和李悦等人为我提供作品，以及对我的支持。尽管自己已做了许多努力，但由于水平有限，书中难免有疏漏，敬请广大读者多多指正并多提宝贵意见，以便于今后进一步提高。

参与本书的主要绘图人员（排名不分先后）：
宁宇航 天津艺绘木阳设计培训工作室手绘讲师，景观设计手绘方向主讲教师
李　超 天津艺绘木阳设计培训工作室设计与就业指导讲师，天津市"新浪乐居十佳设计师"
蒋　阳 天津艺绘木阳设计培训工作室软件讲师，联邦教育室内设计金牌讲师
刁晓峰 重庆小鲨鱼手绘培训工作室主讲教师，重庆交通大学环艺设计讲师
冯　冰 天津理工大学环境艺术设计专业
常　杰 天津理工大学环境艺术设计专业
许　威 天津理工大学环境艺术设计专业
郭丹丹 天津理工大学环境艺术设计专业
付岳潇 天津美术学院环境艺术设计专业
贾文博 天津美术学院环境艺术设计专业
胡小豹 天津美术学院环境艺术设计专业
侯志博 天津美术学院环境艺术设计专业
李　悦 天津美术学院环境艺术设计专业
杜　柳 天津美术学院环境艺术设计专业
佟　鑫 天津美术学院环境艺术设计专业

李磊
2013年11月25日

目录 CONTENTS

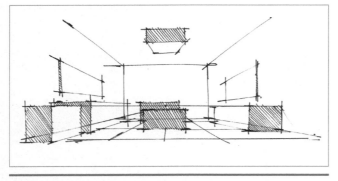

第 1 章

室内手绘概述

- 以正确的态度认识手绘
- 手绘效果图的表现类型
- 对初学者学习手绘的一些建议

1.1 以正确的态度认识手绘

通过几年的教学，我发现目前学习手绘的人大致可分为以下3类。

第1类：了解手绘的作用并有很强的学习欲望，踏踏实实学习，为以后的设计工作或者考研做准备。

第2类：把手绘当绘画作品，但不了解手绘的真正作用，只是因为好看感兴趣想要学习。

第3类：觉得手绘不重要，或者说根本不知道手绘将来要用来做什么，看到其他的人学习就跟着学习，思想还处在迷茫状态。

这其中，第1类相对较少，第2类居中，第3类最多。

其实包括我自己在内，刚接触手绘的时候也有过迷茫期，这种迷茫至少伴随着我一学期之久，甚至在学习的过程中走了很多弯路。但是，随着时间的积累和不断地思考、研究，我最终找到了学习手绘的正确方法，明白了学习手绘的意义。

在这里我想对还在为此迷茫的人们说：手绘是有用的，甚至是不可或缺的！只不过因为当今计算机科技日益强大，使它由原来的"台前"慢慢转向了"幕后"。我们可能只看到了逼真的计算机效果图霸气地呈现在了甲方手里，或者投标方案展示的舞台上，却没有看到在这之前就是因为有那一张张的手绘草图，从模糊到清晰、从概念到深入，一步步地设计成形，才有了后期计算机效果图的细节展示。如果手绘的作用不大，甚至被淘汰，那么，每年研究生的入学考试就不会有手绘快题这项内容；如果手绘不再引起大家的重视，那么每年也不会有诸多手绘赛事供大家积极参与。

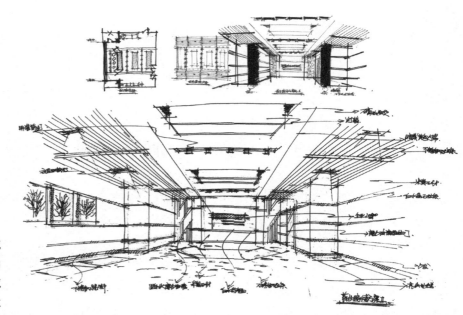

由此可见，手绘的作用并没有减弱，只是换了一种形式来面对大家，由原来绘制的很细致的工程效果图转换成了设计草图（也可称作快速表现）。设计草图作为一种表达设计的手段，属于设计前期的部分，它能够形象而直观地表达室内外空间结构关系和整体环境氛围，并且是一种具有很强的艺术感染力的设计表达方式。同时也为设计师提供迅速捕捉、激发思维灵感的可能性，是手与脑配合不可或缺的过程，也是每一位从事设计工作者和在校学生应该必备的一项技能。这也是当今很多高端设计公司，为什么还在坚持以手绘作为方案交流的原因。还处在迷茫期的人们，通过这段文字，想必会对你们找到方向有些帮助。

1.2 手绘效果图的表现类型

根据方案的阶段性要求，手绘表现也有不同的类别，主要分为构思草图和表现性效果图两大类。

构思草图是设计初级阶段的表现方法，是设计师在设计思考的过程中捕捉灵感，记录想法，推敲空间的一种快速表达手段。其特点是绘制速度快、随意性强，绘制过程中没有过多的细节处理，只对整体的空间尺度和风格定位做一个概念的表达。同时，这种表达方式在当今快节奏的设计工作中也是极为实用的。

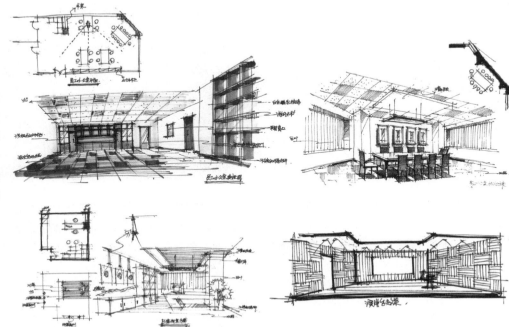

表现性效果图是在前期设计基本定型之后所做的深化性效果图，属于设计后期的展示部分。它完整地展示了设计中的空间结构，灯光材质和装饰造型，为设计提供了竣工后的效果，有着先入为主的作用。同时，对参与项目投标和面对甲方沟通起到很好的展示作用，也对绘图工作者进行计算机效果图的绘制起到良好的指导作用。

1.3　对初学者学习手绘的一些建议

初学者在刚刚接触手绘训练的时候，由于对专业知识不了解，往往会出现很多意识上的问题。例如，有的人用图面画得漂不漂亮来衡量手绘作品的好与坏；有的人则用笔触画得帅不帅气作为自己学习的标准，觉得好的就拿过来拼命地临摹，觉得不好的看也不看。以自己主观的判断去进行模糊的训练，其结果可想而知，那就是学了很长一段时间并没有起到应有的效果，导致最后信心全无直至放弃。

首先要提到的一点就是，手绘的好与坏不能只用"漂亮""帅气"等词来定义，因为它不是艺术作品，重点不是单纯的画面效果，而是画面里的内容表达得是否清楚。衡量一张手绘效果图的好坏主要有3点：第1点，空间透视是否准确；第2点，空间尺寸和位置安排是否精准；第3点，造型结构是否清晰。

1.3.1　打好线稿基础

很多人在学习的时候急于求成，为了能尽早画出成品图，在线稿还没有画好的基础上就开始进行马克笔着色，最后导致画面杂乱无章，不能展示空间效果。

在教学的过程中我一直讲：线稿是骨架，颜色是血肉，如果没有结实的骨架，也不会有完整的血肉。在手绘效果图中，线稿起着十分重要的作用，一个空间的风格样式、透视关系和空间尺度，全体现在线稿的绘制上，颜色只是为空间增添环境气氛而已。线稿绘制得不好，颜色自然也就上不好。所以初学者应该首先注重线稿的训练，待线稿有了一定基础之后，在学着色也不迟。

1.3.2 学会如何上色

初学者在学习手绘的时候，应当先从较细致的效果图，也就是表现性效果图练起。因为表现性效果图对空间的透视、尺度、造型和细节都有明确的展示，而初学者恰恰对这些概念是模糊的。所以我们要明确训练目的，把空间作为第一位，把握好构成空间的所有要素，由慢到快，认真练习，经过一段时间的细致效果图训练，我们就能准确地把握好空间。通过表现精细的效果图，稳步提升自己对线稿的把控能力和对上色的熟练程度。下面就用几张效果图来分析。

这张效果图用色明快干练，色彩冷暖搭配合理，较为准确地展现出了设计效果。

　　下面这张效果图表面看似色彩丰富，其实并没有抓住效果图想要表达的本质，画面的线稿凌乱，结构关系不明确，马克笔的笔触杂乱无章，让人很难看出其表达意图，是一张失败的效果图。

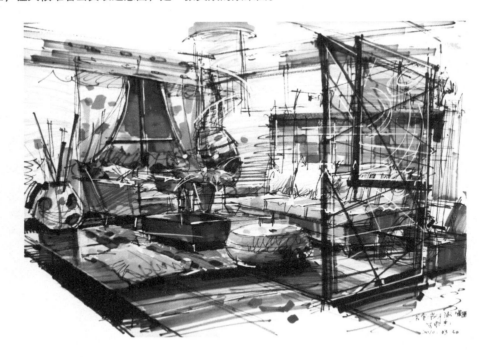

　　下面这张效果图虽然有很大部分的画面留白，并没有完整上色，但是整个空间的气氛已经完整地展现出来，中心的视觉焦点刻画得非常细致出彩，线稿表达得也非常清晰，让观看者可以从中心点向外做合理的视觉延伸，反而增加了画面的层次感。所以只要可以清晰地表现空间的结构关系和设计思路，哪怕只有一点颜色，也可以算是一张完整的手绘效果图。

1.3.3　化繁为简，掌握快速表现的方法

当我们打好了线稿基础，学会了细致的上色技法，就可以过渡到快速效果图表现这一环节了。

因为对于初学者来说，细致的效果图相对较为容易掌握，而且步骤较为详细，用线用色较为规整，空间结构清晰，尺寸明显，而快速表现虽然是设计前期的重要组成部分，但是对于初学者反而较难上手，用线常用快速运线，没有过多的细节展示，往往会让初学者陷入迷茫状态。所以我们提倡先掌握细致的效果图表现，再学习快速表现技法。

● **快速表现线稿的特点**

快速表现线稿一般画得相对快些，线条无拘无束，用概念的手法表达空间的整体感。在这里，观看者看不到过多的细节，所看到的是相对概括的整体空间。快速表现不受时间限制，可快可慢，通常用来进行现场设计以及设计的前期体现。

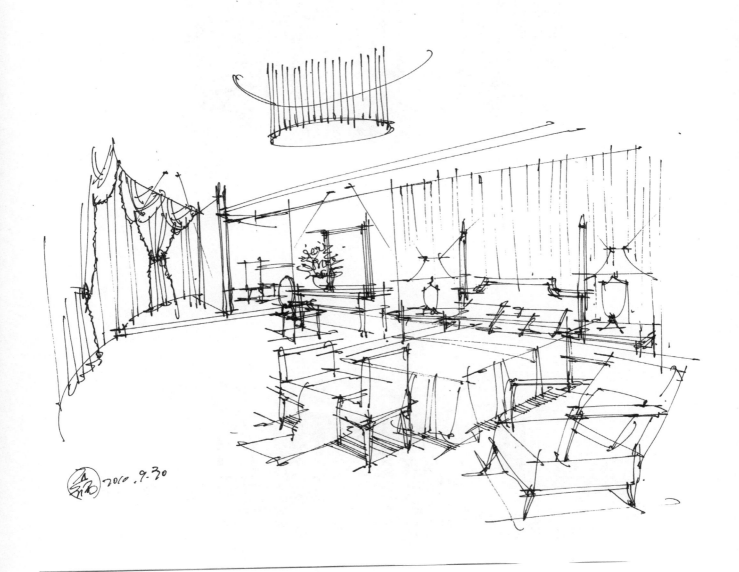

● **快速表现上色的特点**

快速表现上色用的时间较短，一般只对空间的氛围进行点缀渲染，不过多地强调材质细节，只利用简单的笔触刻画空间的整体关系。

第 **2** 章

手绘效果图的基本要素

● 手绘工具的介绍　　● 线条讲解　　● 阴影排线的方法　　● 透视的基本规律

2.1 手绘工具的介绍

初学者在学习手绘之前，对于工具的选择会有不同的需求，而市面上的绘图工具种类繁多，在此将介绍几种常用的绘图工具。

2.1.1 笔类

● 铅笔

铅笔在手绘草图中的运用非常普遍，因为它可快可慢，可轻可重，所以绘制出的线条非常灵活。其型号有软硬之分，所谓的"软"与"硬"其实就是体现在纸面上的"深"与"浅"。其中HB为中性铅笔，H~6H为"硬性"铅笔，B~6B为软性铅笔。

● 自动铅笔

自动铅笔一般选用红环自动铅笔，铅芯根据粗细可分为0.3~2.0的不同型号，甚至还有更粗的专用草图自动铅笔，可根据个人需要进行选购。

● 绘图笔

这里所说的绘图笔是一个统称，主要包括针管笔、签字笔、碳素笔等。也是根据笔头的粗细分不同型号，我推荐使用0.5型号的"晨光会议签字笔"。

● 彩色铅笔

在选购彩色铅笔的时候，我们一般都会选择"水溶性"彩色铅笔，因为它能够很好地和马克笔结合使用。市面上常见的有24色、36色和48色套装彩铅。性能优异的品牌如德国的辉柏嘉、英国的DERWENT等，建议初学者选择辉柏嘉36色套装，性价比很好。

● 马克笔

马克笔的品牌很多，颜色范围达上百种，简洁大气，也方便携带，是现代手绘表达最实用的工具之一。常见的品牌有AD马克笔、Touch马克笔和法卡勒马克笔等，大家可根据自己的需要进行选择。品牌不同，笔头的形状和大小也有所区别。

2.1.2　纸类

● 复印纸

　　初学者刚开始学习手绘时，建议选择复印纸来练习，这种纸的质地适合铅笔、绘图笔和马克笔等多种绘图工具表现，而且性价比高，最适合在练习中使用。

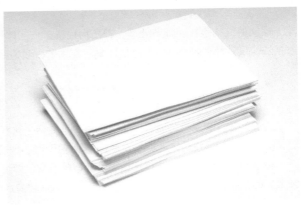

● 拷贝纸和硫酸纸

　　这两种纸都是半透明纸张，很适合设计师在工作中用来绘制和修改方案，也可附在底图上进行拓图。拷贝纸很便宜，一般人在做方案的前期草图时都会用拷贝纸来绘制，而硫酸纸价格相对较贵，且不易反复修改，所以不太适合初学者刚开始用来训练，建议工作后再去使用。

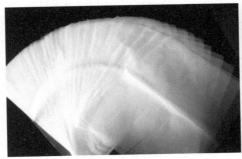

2.1.3　其他相关工具

● 尺规

　　在教学过程中，我是不提倡让初学者用尺规作图的，因为怕大家对尺规有依赖性，就不去训练画线的能力了，但对于初学者来讲，必要的时候还是会需要些尺规辅助的。在此，简单地介绍一下。常见的工具有直尺、丁字尺（适合画大图）、三角板、比例尺和平行尺等，大家可根据需要进行选购。

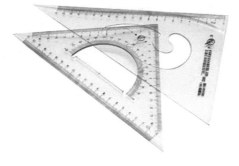

● 橡皮

　　橡皮不用过多介绍，在这里强调一点，对于用铅笔绘图的人，建议除了备用普通橡皮之外，还要备用一块可塑橡皮，以方便修改细节。

2.2 线条讲解

　　空间的结构转折、细节处理，都是用线条来一一体现的，线条是手绘表现的重要根本，是学习手绘的第一步。掌握多种线条技法是设计师和表现师所必需的本领。在本节，我们就对不同种类的线条进行详细介绍。

2.2.1 刚劲、挺拔的直线

　　直线的表达有两种方式，一是尺规，二是徒手，这两种表现形式可根据不同情况进行选择。但就我个人而言仍以徒手为主，因为徒手画线能展现个人的线条功底，经常使用尺规会导致对其依赖，突发的灵感由于尺规的束缚而不能随心所欲，越画越紧。

　　徒手画直线时，初学者往往怕画歪而不敢下笔，即使下笔也是慢慢悠悠地画，出来的效果很死板。在这里要说明的是，徒手画出来的直线，虽然画不出尺规的效果，但它有其自身的魅力所在，徒手的直线应该是：运笔速度快、刚劲有力，小曲大直。

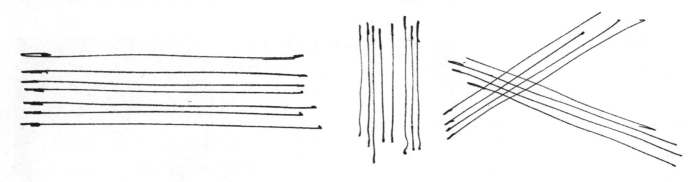

　　绘制直线时，首先要注意起笔时顿挫有力，运笔时力度逐渐减轻且要匀速，收笔时要稍做提顿。其次注意两根线条交接的时候要略强调交点，稍稍出头，但不要过于刻意强调交叉点，否则会导致线条凌乱。

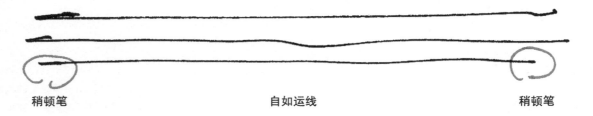

稍顿笔　　　　　　　　　自如运线　　　　　　　　　稍顿笔

　　　　　　　　　　　　　　　　　　　　　　线条交叉时，出头线要适中且自然，切勿刻意描绘，以免造成转折点粗糙混乱。

要注意线条之间的接头要相交。

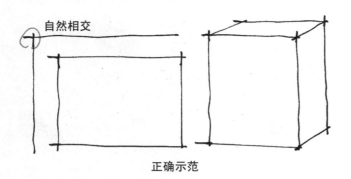

正确示范

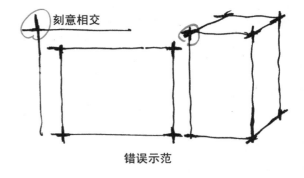

错误示范

2.2.2 松软、纤细的抖线

抖线其实是直线绘制的另一种效果，它可以排列成各种不同疏密的面，也可组成画面中的光影关系，是丰富表现图表情的有效手段之一。

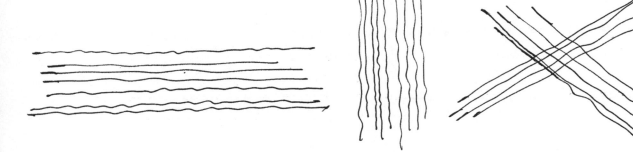

从技术角度讲，抖线在运笔的过程中速度较慢，手腕要稍做浮动，实现小抖线。

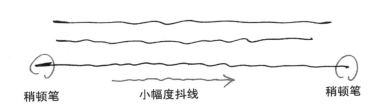

稍顿笔　　　　小幅度抖线　　　　稍顿笔

2.2.3 柔中带刚的弧线

弧线在手绘图中也是很常用的线型，它体现了整个表现过程中活跃的因素，也体现了绘图者的基本功底。在绘制弧线时，一定要体现弧线的张力和弹性，要一气呵成，中间不能"断气"。

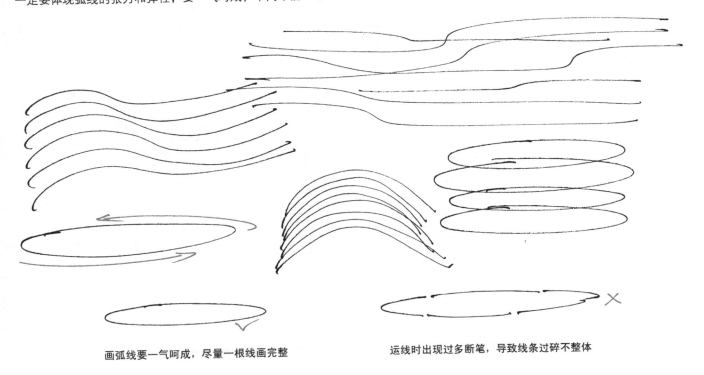

画弧线要一气呵成，尽量一根线画完整　　　　运线时出现过多断笔，导致线条过碎不整体

2.2.4 线条常见问题分析

　　初学者在练习线条的时候往往会出现很多问题，这些都是因为害怕画错而导致不敢下笔，即使下笔也是战战兢兢，画出来的线条很死板。我们应该放平心态大胆地去画线，只有克服心理障碍，才能画出自如的线条。下面我们将为大家总结画线的时候常出现的问题。

　　问题1：下笔不肯定，运笔战战兢兢，不敢画，导致线条笨拙死板。

　　问题2：画的时候信心不足，重复地"描"线条，导致废线过多。

　　问题3：线条忽虚忽实，力度不均，不整体。

　　问题4：起笔时顿笔太过用力，收笔时又过于草率，导致线条有头无尾，方向模糊。

　　问题5：在绘制抖线时浮动不自然，刻意地抖动，导致线条太过僵硬，缺乏灵活性。

　　问题6：线条在交接的过程中互不相交或者过于强调，导致形体混乱。

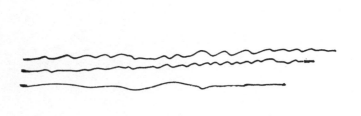

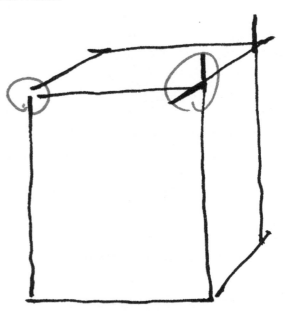

2.3 阴影排线方法

手绘效果图的阴影排线和素描中的阴影排线有所区别，素描中的排线是通过线条的重复叠加，与边线结合构成一个完整而细腻的面，而手绘的排线大多用单线排列，无需重复叠加，手法相对简洁概括。

2.3.1 线条的排列方向

　　排线的方法多种多样，不受方向和线型的限制，但要注意，不管用什么样的线条，都要把面排整齐，线条之间的长短尽量统一，间距要均衡。初学者平时应多加练习方可运用自如。下面将分析阴影排线的几种方法。

● **单线排列**

　　单线排列是画阴影时最常见的处理手法，从技法上来讲是需要把线条排列整齐就可以，同时注意线条的首尾要咬合，物体的边缘线要相交，线条之间的间距尽量均衡。

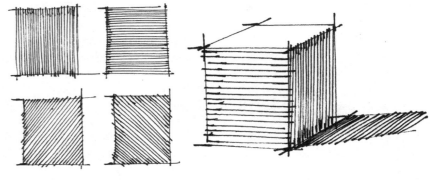

● **组合排列**

　　组合排列是在单线排列的基础上叠加另一层线条排列的效果，这种方式一般会在区分块面关系的时候用到。需要注意的是，叠加的那层线条不要和第一层单线方向一致，要略微变换方向，而且线条的形式也要有变化。

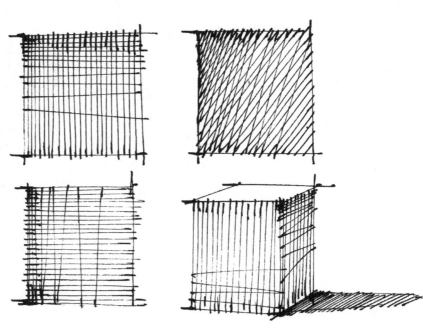

● **TIPS** ●

　　从右图我们可以看到，第2层线条在方向上进行了改变，避免了与第1层的线条重复，而且线条排列也运用了折线的形式，丰富了画面效果。

● **随意排列**

　　这里所说的随意，并不代表"放纵"的意思，而是让线条在追求整体效果的同时变得更加灵活。

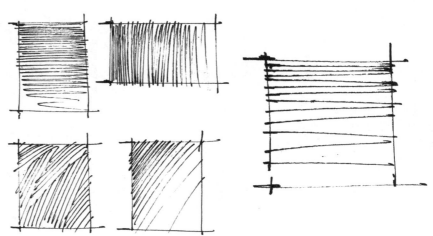

2.3.2 室内空间常用的阴影画法举例

前面我们介绍了阴影排线的方法，下面我们将为大家列举空间中的阴影表示方法。

● 地面阴影

第1点：阴影线可以根据形体的透视进行排列，也可以选择竖线排列，总之，无论选择哪种方向排列，都要注意线条要整齐，不可错乱和重复。

按照透视方向排列的阴影线

竖向排列的阴影线

 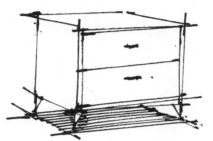 

第2点：较长形体的阴影在排线时，通常以较短距离的那个方向进行排列，这样排列起来比较方便。同时还要注意较长形体的阴影要在排线时适当地区分线条的疏密，体现自然的过渡变化。

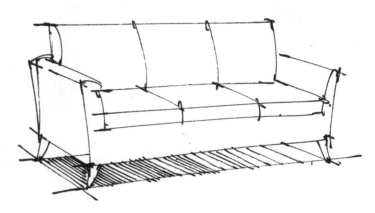

第3点：异形阴影的排线还是要以直线的方向进行排列。

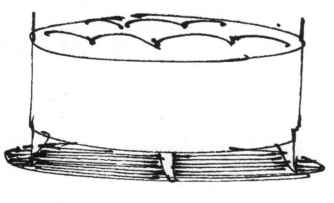 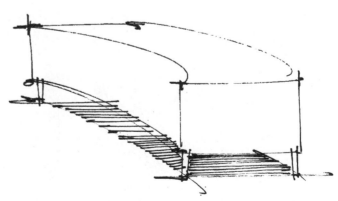

> **◦ TIPS ◦**
>
> 家具阴影的边线虽然是弧线，但是阴影调子仍旧按照直线方向整齐排列。

地面阴影画法举例

● 墙面阴影

　　墙面阴影和地面阴影的排线方式大致相同，都是为了衬托形体结构，而且都要注意线条排列要整齐有序。

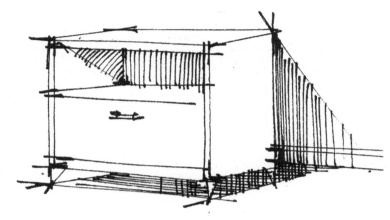

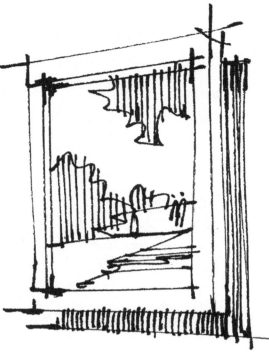

墙面阴影画法举例

● 灯光阴影

　　灯光的阴影在处理时要注意画得虚一点，因为光晕是虚体的效果，这和其他阴影处理方法是不同的。同时还要注意光晕的衰减变化，这一点可利用线条的疏密来体现。

灯带阴影效果　　　　　　　　　　　　　　　　**筒灯阴影效果**

台灯阴影效果　　　　　　　　　　　　　　　　**壁灯阴影效果**

灯光阴影画法举例

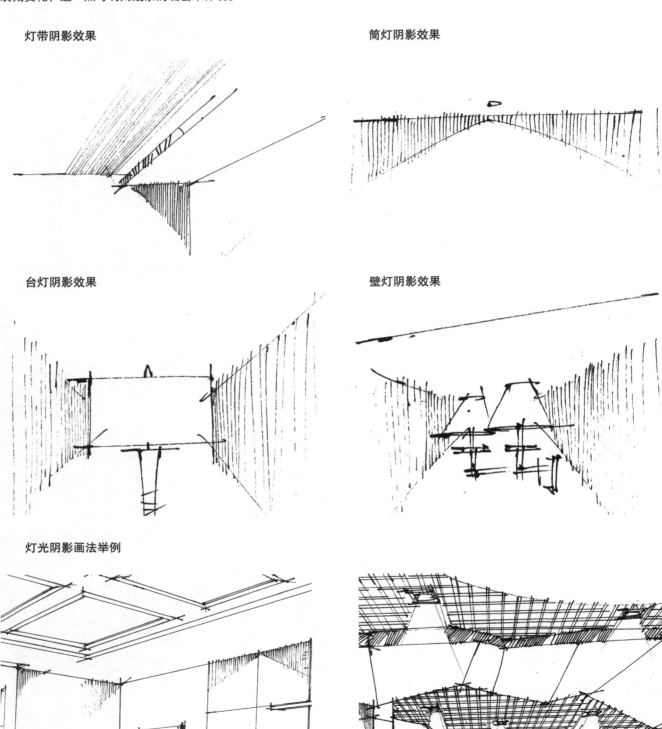

● 反光阴影

反光阴影也是用虚线条来表示，画的时候线条要干脆，画出大概轮廓即可。

线条排列方式

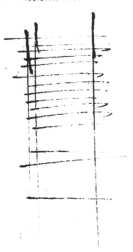

反光阴影效果

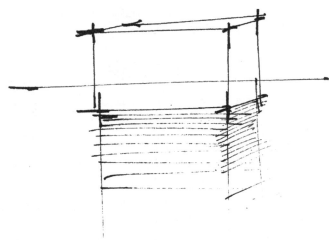

反光阴影画法举例

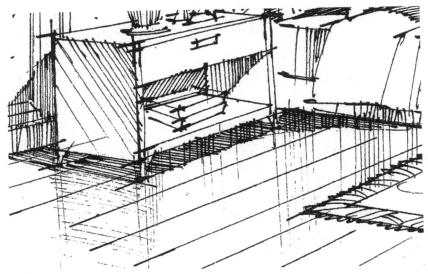

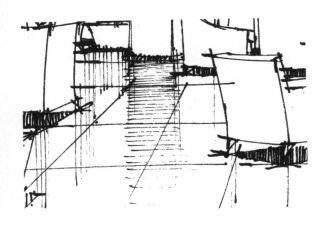

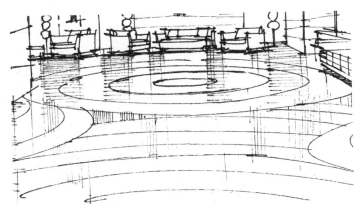

2.4 透视的基本规律

透视图是将二维的空间形态转换成具有立体效果的三维空间。三维空间首先强调的就是透视关系，它是绘制一幅空间效果图的基础。常用的透视形式包括平行透视（一点透视）、成角透视（两点透视）和微角透视（一点斜透视）3种。在讲解透视之前，我们首先来了解一下透视的基本术语。

2.4.1 透视的基本术语

下面这组示意图能使我们了解到三维空间透视的常用术语，下面进行具体的分析。

视点： 人眼睛的位置。

视平线： 由视点向左右延伸的水平线。

视高： 视点和站点的垂直距离。

视距： 站点（视点）离画面的距离。

灭点： 也称"消失点"，是空间中相互平行的透视线在画面上汇集到视平线上的交叉点。

真高线： 建筑物的高度基准线。

以上是透视的常见名词，在各种透视中都是通用的，也是必不可少的，希望大家不要盲目地死记硬背，要理解性地去记忆。

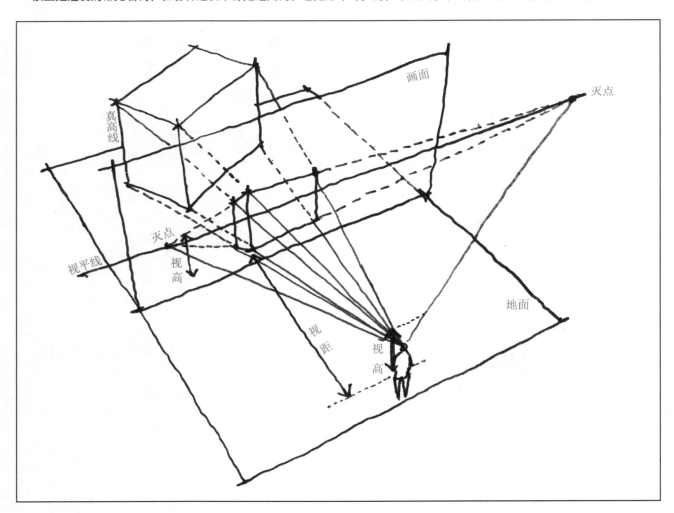

2.4.2 平行透视（一点透视）

● 平行透视的概念

　　"平行透视"即只有一个灭点，任何有关进深的线（放射线）都会向这一个点消失。纵向线和横向线没有透视，且保持平行。平行透视有较强的纵深感，很适合用于表现庄重、对称的空间。

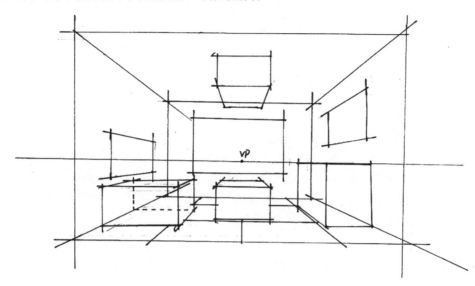

　　除此之外，我们学习平行透视时也需要了解几个相关名词。

　　基准面：基准面是自由确立的一个虚拟的面，它既是高度和宽度的坐标，同时也可以作为画面的界定。一般室内空间中，视点正对着的那个墙面用来表示基准面。

◦ **TIPS** ◦

范图中被红框圈起的那个墙面表示透视里的基准面。

进深：指在平行透视中以视点的位置作为出发点，直到要表现的最远景物之间的透视距离。在室内空间中，视点到基准面之间的距离就是进深。

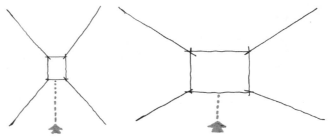

> **◦ TIPS ◦**
>
> 箭头指向代表了站点到基准面的进深。在绘图过程中，我们要感受空间进深的大小，如果空间进深较大，那么基准面就会画得较小，拉大透视线的长度；如果空间进深小，基准面可以相对画得大些，墙面透视线就要画得小些。

● 平行透视需要注意的问题

平行透视是室内效果图最常用的透视，它的原理和步骤都非常简单，在徒手表现的时候，我们没有必要像追求工程制图那样对透视精准推算，也没有必要去进行烦琐的步骤，只要做到基本准确就可以了。下面我们来介绍平行透视需要注意的一些问题。

问题1：视平线的位置。视平线是定位透视时不可缺少的一条辅助线，而灭点正好位于视平线的某个位置上，视平线的高低决定了空间视角的定位，在绘制时要注意，视平线通常定位在基准面（墙面）高度一半或者靠下一点的位置，这样才是正常的视高。视平线过高或者过低，都不属于正常的人视角（透视图常以人视角为基准）。

视平线放在真高线中心或者偏下一点的位置，空间视高正常，可以看到物体的顶面和立面效果，属于正常的人视角透视。

视平线定位过高，空间呈俯视视角，这样就不能较精确地测出空间的高度，从人视角的角度来讲显得不太舒服。

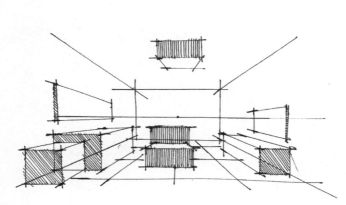

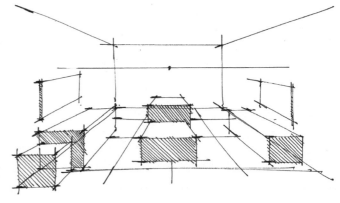

视平线位置过低，导致空间部分形体呈现出仰视效果，视觉上感觉物体彼此"粘"在一起，看不到形体变化，弱化了空间感。

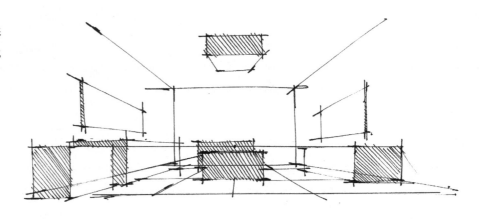

问题2：灭点的位置。一点透视的灭点原则上是位于基准面的正中间，但是在表现图面的时候，如果放的位置过于正中，就会显得比较呆板。当然，这也要根据具体空间类型而定。

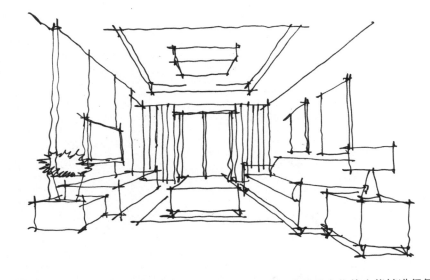

> **TIPS**
> 右图的灭点位于基准面的正中间，空间稍显呆板。

建议在定位灭点的时候，稍微地向左或向右偏移，这样空间就会显得灵活起来，而且对空间中的重点物体也能够进行侧重表现。但是要注意，灭点不能放得太偏，那样就违背了平行透视的透视原则。

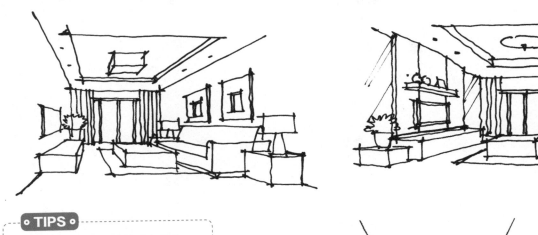

> **TIPS**
> 空间变得灵活，设计重点突出。

空间中除了水平线和垂直线与画纸四周保持着平行关系之外，其余的线条（红线部分）完全消失在视平线上的灭点中。

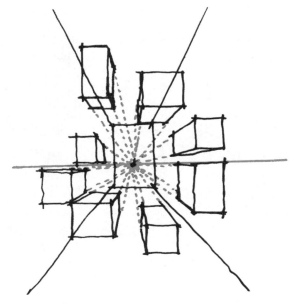

● 平行透视图例

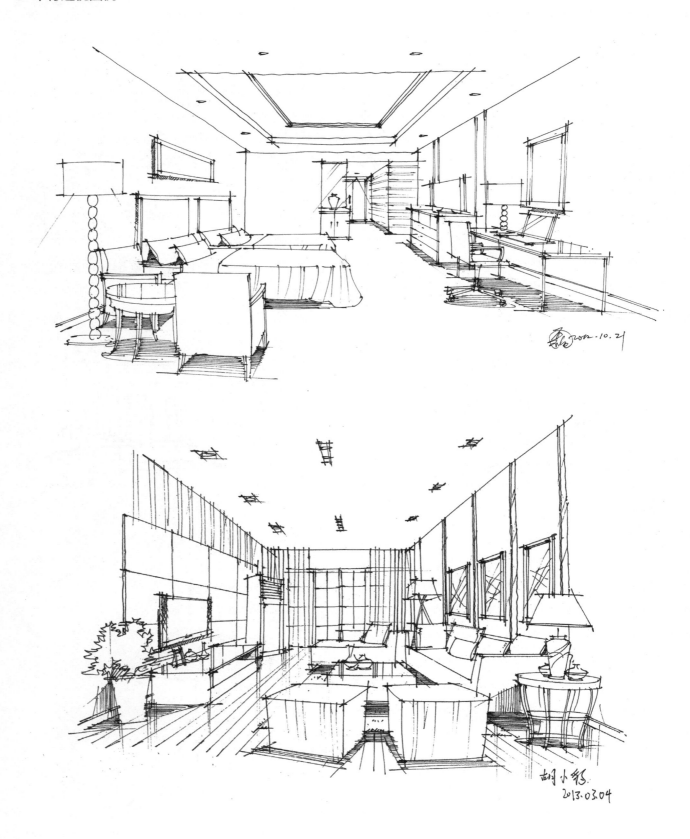

2.4.3　成角透视（两点透视）

● **两点透视的概念**

　　成角透视（两点透视）只有垂直线与画面平行，其他两组线条均与画面构成角度上的倾斜，每一组各有一个灭点。因此，两点透视有两个灭点，而两个灭点必须在同一水平线上。两点透视是人们观察空间多数情况下的正常视角，它能清楚地表达相邻两个立面的透视关系。

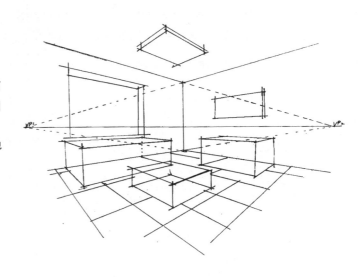

● **两点透视需要注意的问题**

　　问题1：真高线的定位。两点透视空间的真高线（两面墙体的转折线）属于画面最远处的线，因此在画的时候不要过长，以免近处的物体画不开，一般占到纸面中间1/3左右即可。

　　真高线定位过长，构图会显拥挤，近处物体不能刻画全面，空间进深较弱。

　　合理安排真高线的位置及大小，能全面地表现空间整体，使进深感得到完整体现。

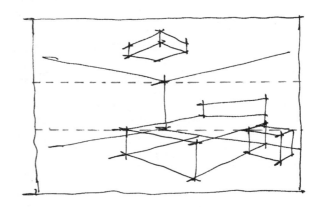

　　问题2：墙体透视线的斜度。在这里要注意，由于视平线定位在真高线中线靠下的部位，因此，天花板的两条透视线斜度较大，地面的两条透视线斜度较小。

正确的墙体透视线定位　　　　　　　　　　　　　　　**错误的墙体透视线定位**

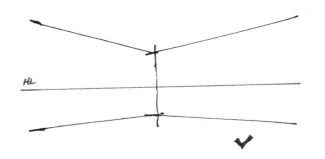

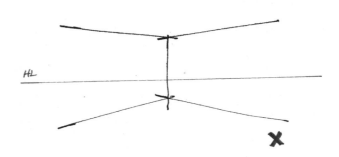

问题3：两点透视的灭点。两点透视的灭点非常重要，下面进行具体的讲解。

一般情况下，定位两个灭点要离真高线稍远些，如果过近，那么画出来的图面会显得视角变形。

两个灭点离得过近，导致空间视角变形。　　　　　　　　**两个灭点离得较远，空间视角显示正常。**

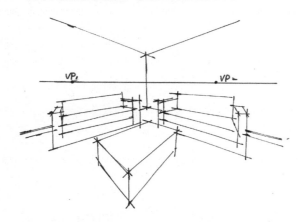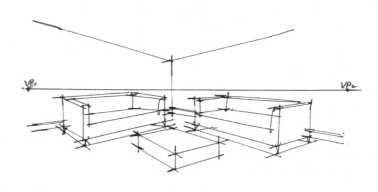

当某一面墙的物体需要重点表达时，我们就需要将这个重点墙面的透视画得相对小一些，以便让这面墙及物体显示得更加全面些，而另一面墙体的透视就会显得较大。归结到透视上也就是说，透视较小的那面墙的灭点离真高线的间距较远，透视较大的那面墙的灭点离真高线的间距较近。

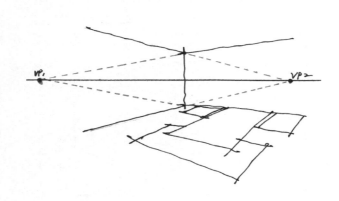

由于空间类型不同，有时候避免不了灭点会被定在图纸以外。当遇到此种情况的时候，我们一定要首先定位好视平线的位置，然后根据两个墙面上的4条透视线来进行透视上的比较。例如，在视平线以上或者以下的透视线，可以把两面墙体天花板和地面的透视线定义成最大斜度，在这几条斜线与视平线的范围之内，越是靠近视平线，其透视线的斜度越小，反之越大。这种方法虽不能保证透视绝对性的精准，但是对于徒手表达来说，也算是一种快速感觉透视的最佳方法。

灭点在图纸外　　　　　　　　　　　　　　**越靠近视平线，其透视线斜度越小，反之越大。**

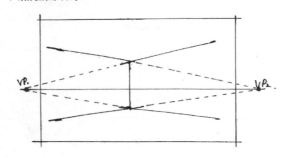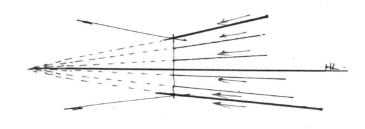

● 成角透视图例

2.4.4 微角透视（一点斜透视）

● 微角透视的概念

　　微角透视是介于一点透视和两点透视之间的一种透视视角，在室内绘图中的应用是最广泛的。它和两点透视一样都有两个灭点，但不同的是，微角透视的其中一个灭点被定位在画面基准面以内，而另一个透视则被安排在距画面很远的位置，甚至超出了画面。微角透视空间中没有水平线条，离站点越近，透视越大，反之越小。

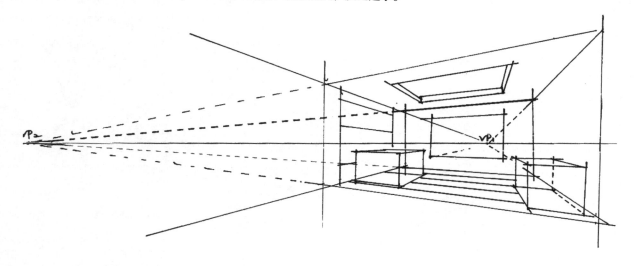

● 微角透视需要注意的问题

　　问题1：明确微角透视和平行透视之间的区别。 微角透视中没有水平线，即使空间中最远墙面的透视看似细微，但它也是有很小的透视变化的，切勿画成横平竖直的形态。

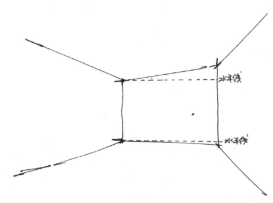

正确的基准面透视定位

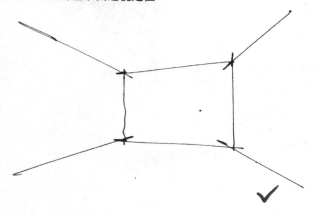

错误的基准面透视定位

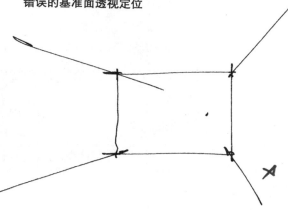

问题2：区分微角透视和成角透视的概念。微角透视可以看到3面墙，两点透视只能看到两面墙，因此，微角透视的基准面在定位透视线斜度时不要画得过大，过大会导致空间视角扭曲，也会导致近处物体变形。

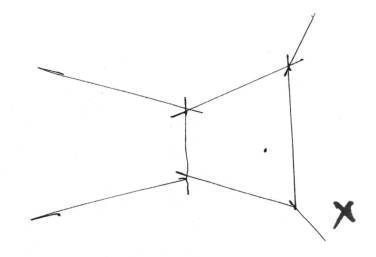

问题3：空间中灭点的位置。基准面中的灭点不要定位在正中的位置，应当偏重于两侧，另一个灭点应当远离基准面，如果过近，整个空间就会变形，视角会显示不正常。

正确的灭点定位

错误的灭点定位

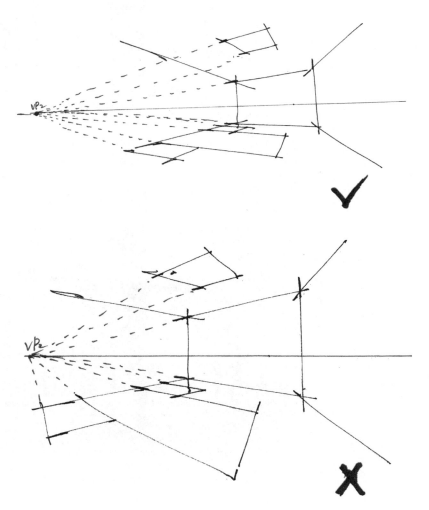

● 微角透视图例

第 **3** 章

室内家具陈设

● 单体家具绘制详解 ● 组合家具绘制详解 ● 各种样式的家具图例

3.1 单体家具绘制详解

单体家具是构成室内空间的基本元素之一，在设计中针对室内空间的整体风格来选择与其搭配的家具组合，是完善室内设计的重要因素。我们在进行整体空间绘制之前，应首先对单体家具进行分别的练习，掌握各种风格和形态的家具的画法，然后逐渐地加强难度。

3.1.1 沙发的绘制

在绘制之前，我们可以先把沙发归纳成几何形态，通过这种形态来了解沙发的特点。

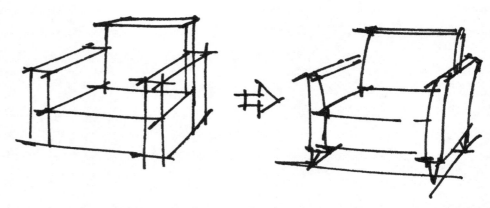

通过对上图的观察可以发现，沙发的形体是由4个"方盒子"组合而成。在绘制中我们需要注意这几个"盒子"的透视关系和比例，然后稍加变形，就可以绘制出沙发的形态。

● 单人沙发的绘制

（1）用铅笔定位沙发的投影，并注意透视要准确。

（2）用单线画出沙发的靠背、扶手和座的高度，注意比例要准确。

单人沙发的长度在800~950mm，宽度在850~900mm。虽然长宽基本相同，但是由于透视的原因，在表达时要注意视点侧重哪个面，如果侧重正面，那么正面的透视线会显示得正常一些，而侧面的透视线就会相对缩小。这张图就是侧重于正面的位置，因此侧面的线条就要注意不可画得过长，不然比例就会出错。

沙发的靠背高度在700~900mm，座高在350~420mm，大家在绘制之前一定要先了解基本的尺寸，这样才能定位出准确的造型。

（3）在单线的基础上刻画沙发的轮廓，要注意形态的准确性。

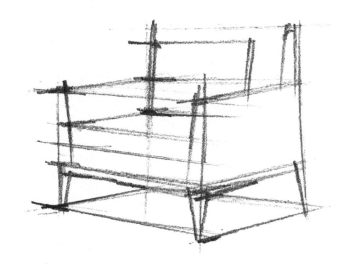

（4）用绘图笔画出沙发的外形，用线要肯定有力，转折部位要清晰。

（5）画出沙发的阴影效果。

在手绘中，阴影的处理要概括，用简单的线条体现出形体的转折关系即可；排线的方向要统一，不可画乱。

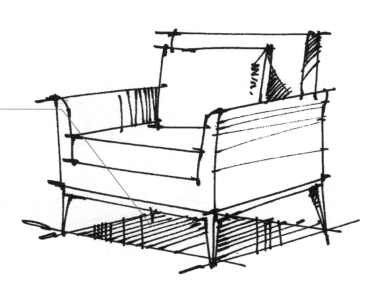

● **转角沙发的绘制**

（1）用铅笔画出沙发的投影，注意转折部位的透视。

（2）勾画出沙发的外形结构。

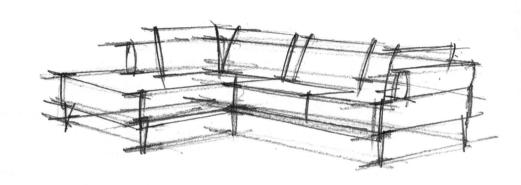

（3）用绘图笔画出沙发的具体形态。

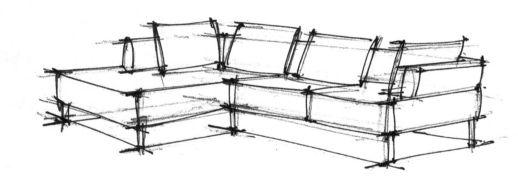

（4）添加阴影效果，注意阴影部分要衬托形体，排线要整体。

TIPS

有时候为了体现丰富的效果，可以在靠垫上点缀一些花纹效果。

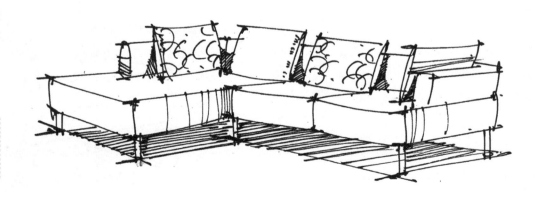

3.1.2 椅子的绘制

椅子的绘制方法和沙发大致相同，都是先概括成几何形态，然后在此基础上进行细节的绘制，这样才能准确地把握好造型。

● 普通椅子的绘制

（1）用铅笔画出椅子的投影。

（2）用单线画出椅子的靠背、扶手和椅座的大体位置。

（3）在单线的基础上大致勾勒出细节。

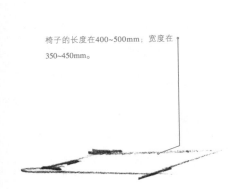

椅子的长度在400~500mm；宽度在350~450mm。

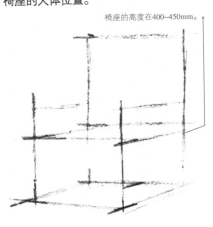

椅座的高度在400~450mm。

（4）用绘图笔画出椅子的结构。

（5）深入刻画细节、添加阴影效果。

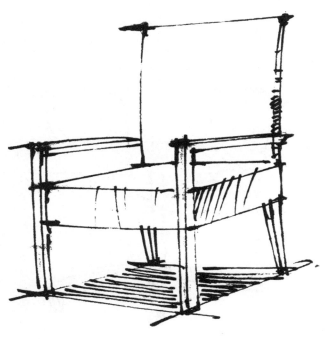

● **转椅的绘制**

（1）用铅笔画出椅子的投影。

转椅的椅腿与一般的椅腿不同，它是由几个滚轮围合成一个圆形，因此在表达的时候应先画出一个椭圆形的投影。

（2）用单线画出椅子的靠背、扶手和椅座的大体位置。

（3）在单线的基础上大致勾勒出细节。

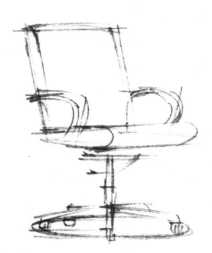

（4）用绘图笔画出椅子的结构。

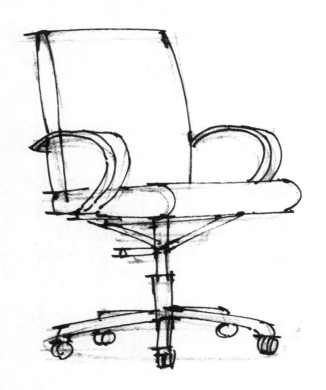

（5）深入刻画细节，添加阴影效果。

3.1.3 桌子的绘制

（1）用铅笔画出桌子的投影。

（2）用单线将桌子归纳成一个长方体，比例要准确。

桌子的高度为750mm左右。

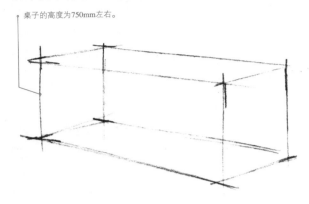

（3）在大框架确定好的基础上画出桌子的结构细节。

注意小块面的透视也要准确。

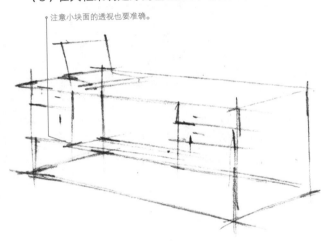

（4）用绘图笔勾出桌子的外轮廓。

（5）添加阴影效果。

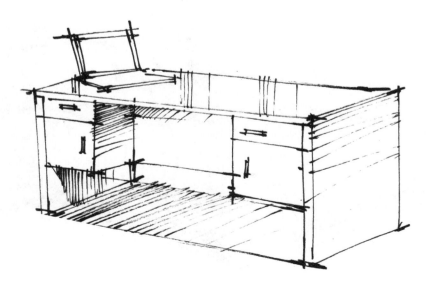

3.1.4 床体的绘制

（1）用铅笔画出床的投影。

双人床的长度在2000mm左右，宽度在1500~1800mm。绘制时要注意床的长宽比例，注意视点的位置偏向床的哪侧位置，然后根据位置来调整其透视变化。

（2）用单线画出床的高度，将形体归纳为几何体。

从地面到床垫的高度为450~500mm。

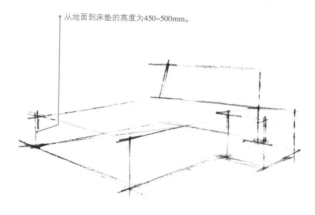

（3）画出床和床头柜的细节部分。

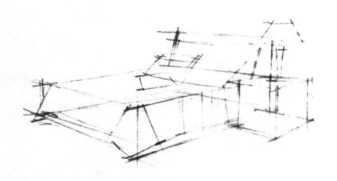

（4）用绘图笔勾出床的外轮廓。

注意床单的线条要画得稍软一些，以体现其柔和的效果。

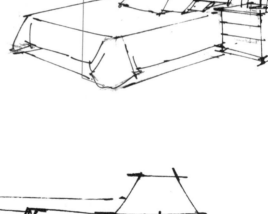

（5）画出床单的布褶效果，以及其他部位的细节和阴影。

布褶的线条要轻，不可画得过硬，要注意柔和度。

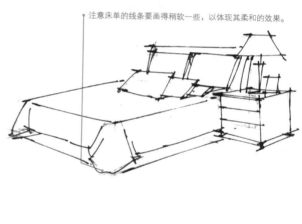

3.1.5 灯具的绘制

灯具的形式多种多样,有繁有简,在这里以一组较复杂的吊灯作为实例进行讲解,帮助大家了解复杂形体的绘制方法。

（1）用铅笔先定位灯具的支撑线和大的灯罩。

定位支撑线和灯罩时应注意灯的纵向重心要稳。

（2）概括地画出小灯罩的位置。

绘制小灯罩时,要注意以大灯罩为核心向四周围合成一个圆形。

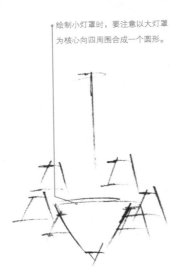

（3）待灯罩画好后,再勾画出灯杆的造型。

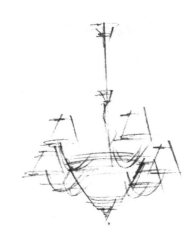

（4）用绘图笔画出灯具的外轮廓。

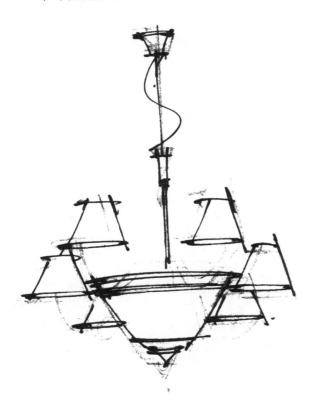

（5）完善灯具的细节。

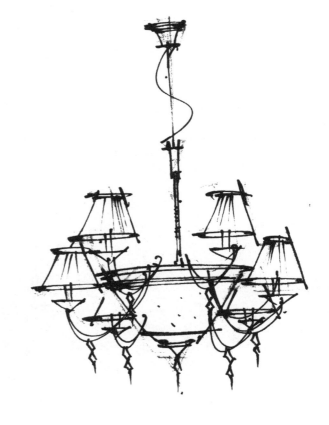

3.2 组合家具绘制详解

前面我们介绍了单体家具的画法，通过画单体，熟悉了各种不同的家具样式、比例和结构等，也基本掌握了单体表现的一些方法。有了一定的基础之后，就要进行家具组合的绘制训练了。组合的概念，就是将各个单体放在特定的空间里，让它们有一定的场景感，也让各个单体之间有空间的联系、透视关系和尺度间的比较。有了这样的训练，就可以比较顺利地过渡到室内空间表现的训练了。

3.2.1 沙发的组合绘制

● 双人沙发的组合绘制

（1）用铅笔定位沙发和茶几的投影。

双人沙发的长度为1500mm左右，宽度在800~900mm；双人沙发前面搭配的茶几尺寸在750~800mm；沙发两边的茶几长度在600mm左右，宽度在600mm左右，沙发和摆放在中间的茶几一共需要占据不小于300mm间距的距离。我们在定位投影的时候一定要注意这几个重要的尺寸。

（2）定位各物体的高度，同样要注意相互之间的比例关系。

（3）用绘图笔画出各家具的轮廓线。

画线时要注意形体之间的转折变化，强调好形体的细节，不要按照铅笔线原封不动地描绘。

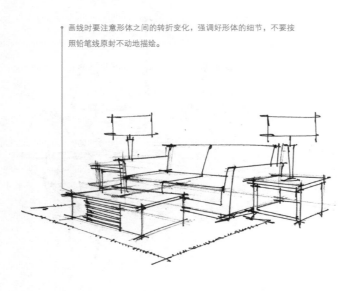

（4）为画面添加阴影调子。

为体现明显的转折效果，排线的方向也要有变化，不能完全统一。

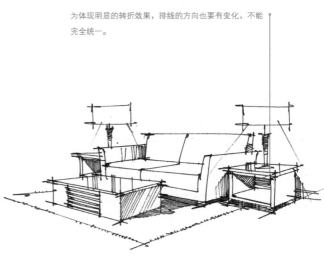

● 三人沙发的组合绘制

这一组合在上一例子的基础上增加了难度，我们在处理这样的组合时更要注重整体感，控制好个体之间的尺度关系。

（1）用铅笔定位沙发和茶几的投影。

三人沙发的长度在1900~2200mm，宽度在800~900mm；沙发座的高度在420mm左右。同时还要注意各物体之间的间距要均衡。

（2）定位各家具的高度，同样要注意彼此之间的比例关系。

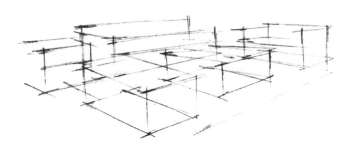

（3）细化家具的造型，添加灯具、果盘等装饰品。

装饰品在空间中起到增强气氛的作用，在处理时一定要适当表现，避免空间死板。

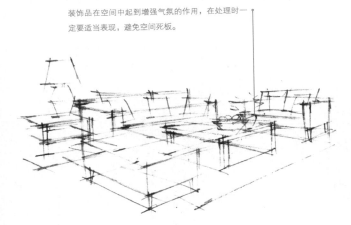

（4）用绘图笔勾出家具的外轮廓。

（5）为画面添加阴影效果。

阴影的排列方向要尽量统一，这样效果才会显得更整体。

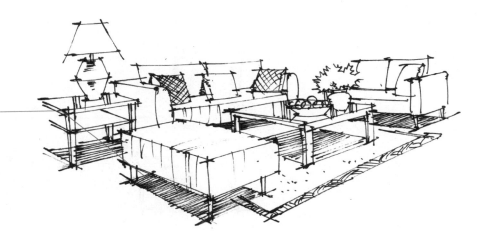

3.2.2 桌椅的组合绘制

● **方形餐桌椅的组合绘制**

这是一组方形的餐桌椅组合，选用了一点透视的方法进行表现。在表现时要注意前后之间的空间变化和正确的比例关系。

（1）用铅笔定位桌椅组合的投影。

四人餐桌的长度为1500mm左右，宽度为800mm左右；餐椅的长宽为450mm左右。绘制时要注意家具之间的位置关系。

（2）定位物体的高度，画出桌椅的整体框架结构。

餐桌的高度在750mm左右；餐椅的高度在450mm左右。

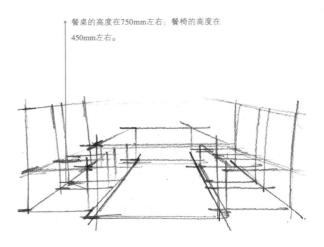

（3）用绘图笔勾出家具的外轮廓。

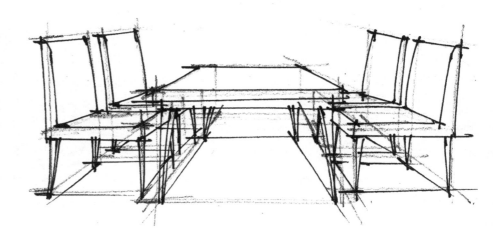

（4）深化形体，添加阴影效果。

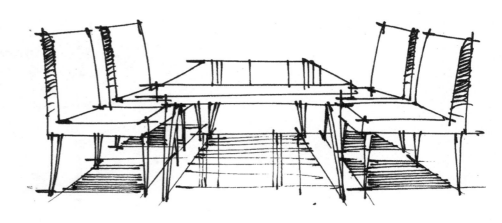

● 圆形餐桌椅的组合绘制

这组桌椅是圆形围合状态，在处理的时候会有一定的难度。下面进行具体的步骤讲解。

（1）用铅笔定位桌椅组合的投影。

圆形的投影要注意它的透视感，因此其形状变成了椭圆形，两侧的转折部位要在同一条水平线上，不可出现偏差。椅子的投影定位成对角线便可。要注意这组桌椅是圆形围合状态，在处理的时候会有一定的难度。

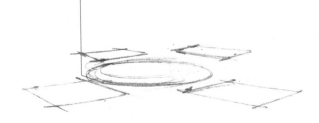

（2）定位桌椅的高度。

整组形态可以概括成两个圆柱体，其中圆桌部分是一个圆柱体，四把椅子围合成一个圆柱体。在定位椅子的时候要注意彼此之间的高度要统一。

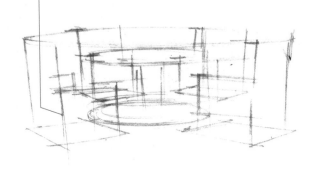

（3）在勾好轮廓的基础上细化形体结构。

（4）用绘图笔勾出家具的轮廓线。

（5）深化细节，添加阴影。

3.2.3 床体的组合绘制

下面我们来讲解床体组合的绘制步骤。

（1）用铅笔定位床体组合的投影。

注意各物体之间的透视和位置感。

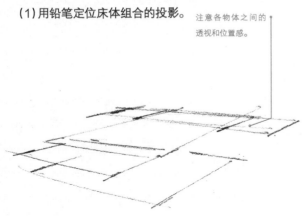

（2）定位家具的高度。

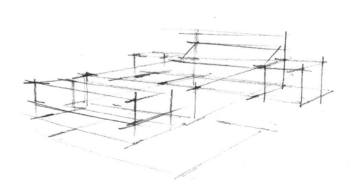

（3）细化家具的形体。

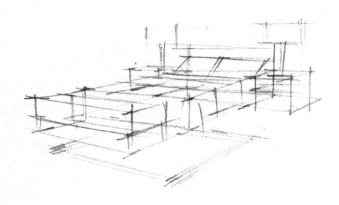

（4）用绘图笔勾出家具的外轮廓。

床单的处理要注意用线要柔和，在床的边角要利用简洁的线条画出布褶的形态。

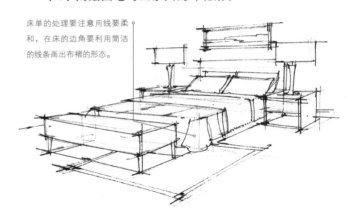

（5）深化细节，添加阴影效果。

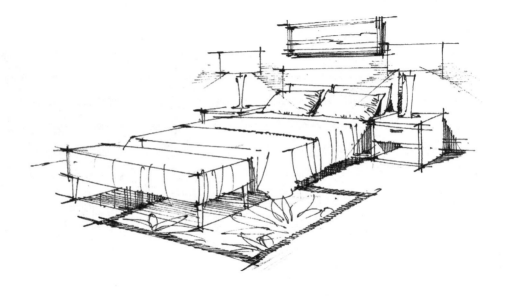

3.2.4 办公家具的组合绘制

（1）用铅笔定位家具组合的投影。

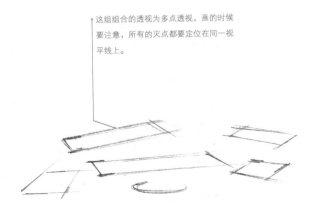

这组组合的透视为多点透视，画的时候要注意，所有的灭点都要定位在同一视平线上。

（2）定位家具的大结构线。

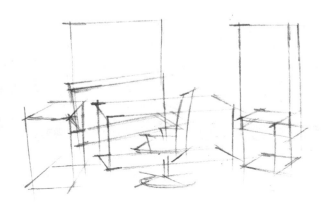

（3）用绘图笔勾出家具的整体轮廓。

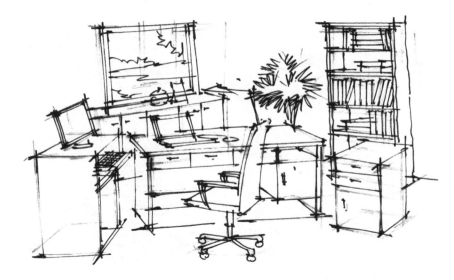

（4）深化细节，添加阴影效果。

3.3 各种样式的家具图例

前面两节介绍了单体和组合家具的绘制步骤。为了能让大家深入学习，这里展示一些范图供大家参考学习。

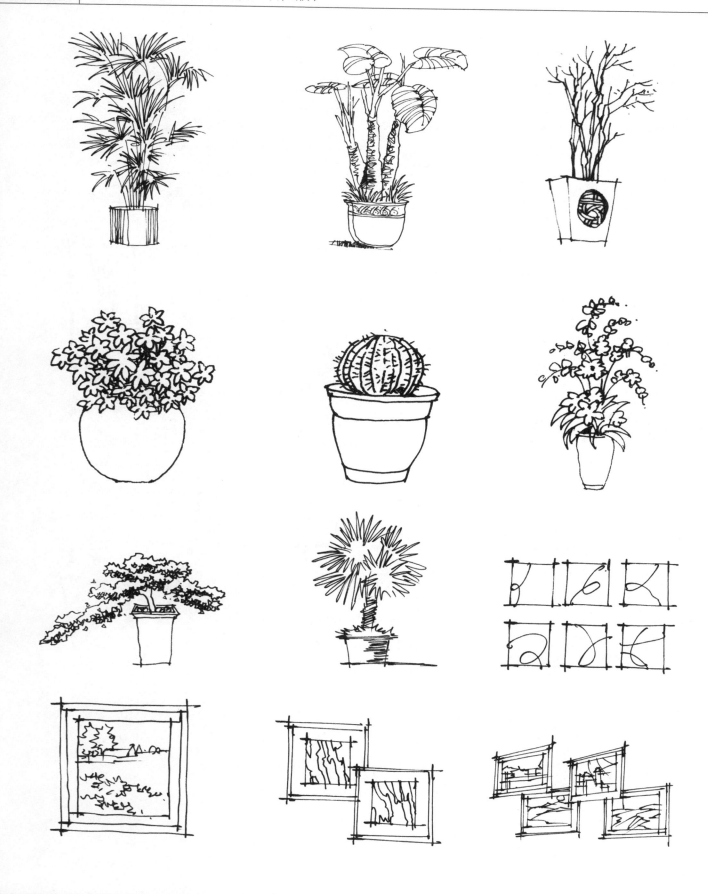

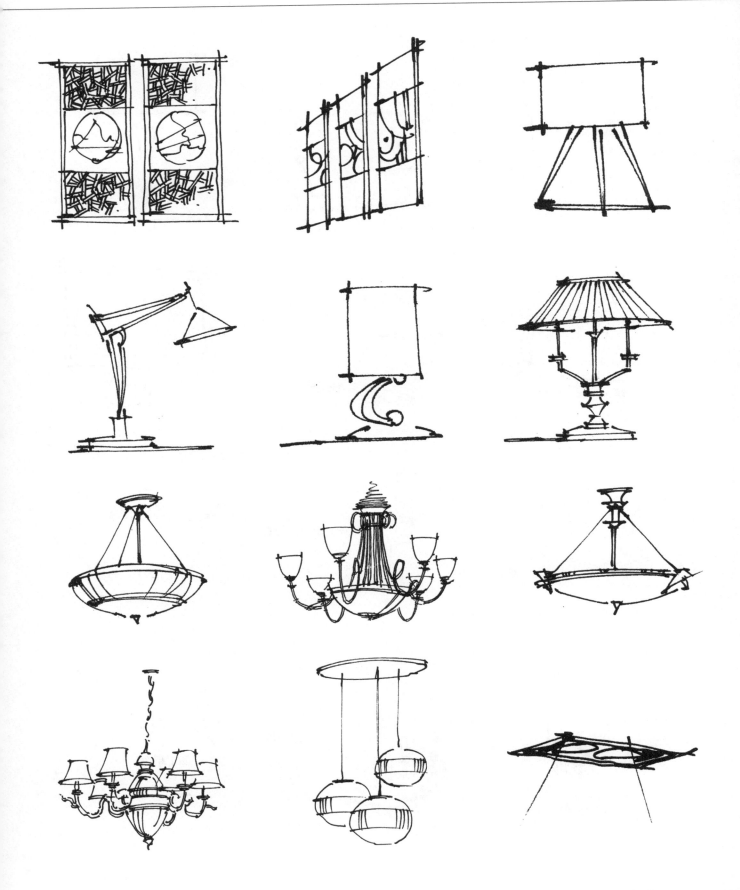

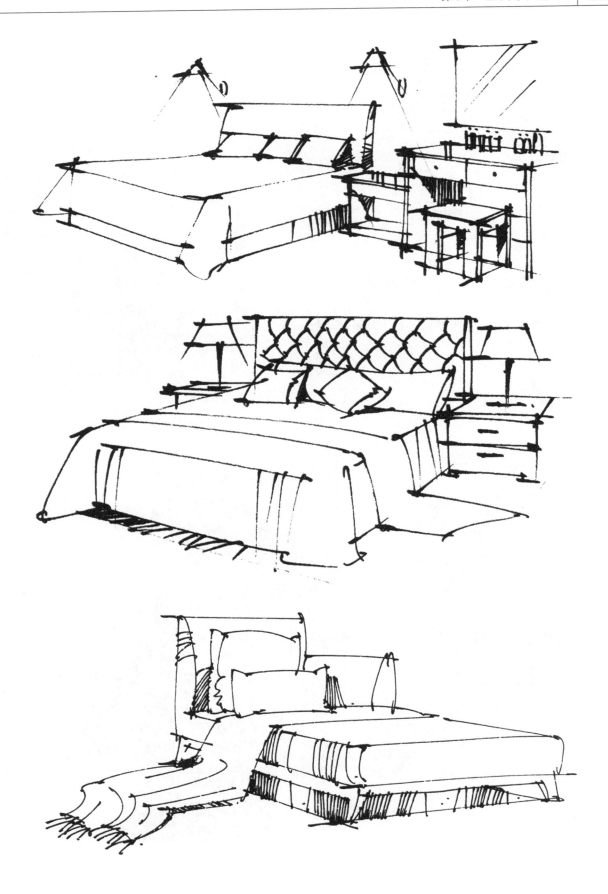

第 **4** 章

室内空间线稿

- 构成空间的表现技法要点
- 家居空间线稿步骤讲解
- 办公空间线稿步骤讲解
- 商业空间线稿步骤讲解
- 室内空间线稿作品范例

4.1 构成空间的表现技法要点

4.1.1 形体表现

　　室内空间中的形体多种多样，无论是自然形态还是人工形态，都要抓住它们的本质，也就是说，找出它们各自的几何要素。把复杂的形体概括成简单的几何形体，这样的归纳会使初学者更容易上手。当然，要正确地把这些"几何形体"放在空间中，还必须要有正确的透视概念，这样才能保证每个造型在空间里的视觉准确。

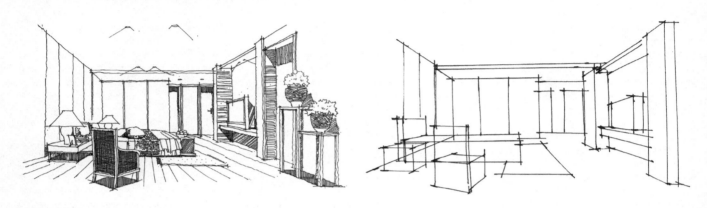

> ◦ TIPS ◦
>
> 　　在上图中，我们将所有的物体都归纳成几何形体，通过这种手法可以将复杂的形体简单化，同时也能准确地推敲出它们之间的正确透视和比例关系。

4.1.2 质感表现

　　在室内手绘中，除了要表现物体的形体结构外，还要表现物体的质感，如木饰面、金属、镜面、石材等材质。不同种类的材质，其表现手法也各不相同，例如，玻璃要很好地表现其透明度；木材的反射较弱，要很好地控制其反射度；石材有抛光和亚光；布艺为透光而不反光的材料等。在画的时候要尽可能地体现物体材质的特点，使其有更真实的效果，以完善我们的设计。

抛光砖材质的处理效果　　　　　　　　　　　　**纱帘材质的处理效果**

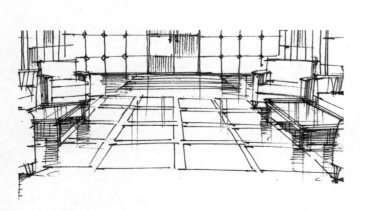
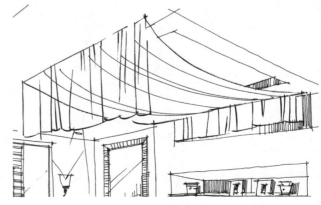

地毯材质的处理效果

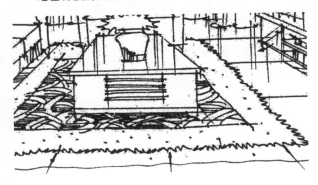

地板材质的处理效果

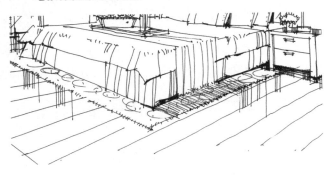

镜面材质的处理效果

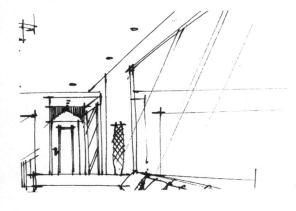

● TIPS ●
　　在手绘表现中，材质的处理一般都是用概括的线条表示，不必画得过于写实，概括的表达可以很好地体现设计效果，同时也为后期马克笔上色腾出空间。

4.1.3 灯光表现

　　灯光也是室内设计中不可或缺的要素之一，好的灯光设计能体现空间品位，为空间增添独特的气氛。光源主要分为自然光源和人工光源，人工光源又可细分为点光源和面光源。在绘制效果图的时候往往以一种光源为主光源，其他光源作为辅助来活跃气氛。要表现光源强烈时，可以拉大明暗对比，加强阴影效果，同时整个环境会受到灯光影响而削弱物体自身的固有色。

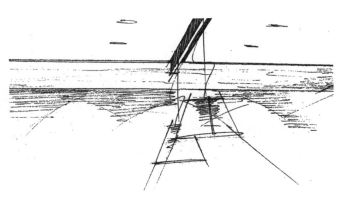

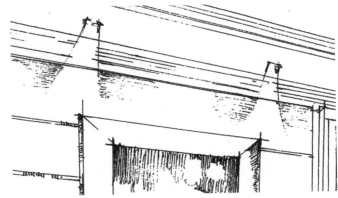

● TIPS ●
　　表现光感时要注意光晕的衰减变化，边线不能画得过于死板，笔触要灵活且有明暗过度，这样才能接近更真实的效果。

4.2 家居空间线稿步骤讲解

本节将对组空间进行步骤详解，它们的表现方法既有共同点，也有不同点。徒手表现的灵活性较大，这就需要我们有很好的应变能力，如果能在各个空间训练的过程中不断地磨炼和探索，那么表现任何一组空间都会变得很容易。

4.2.1 复式客厅空间线稿表现一

（1）借助尺规定位空间的透视关系。

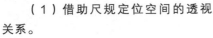

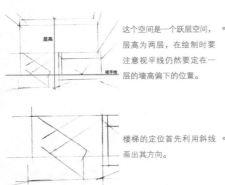

这个空间是一个跃层空间，层高为两层，在绘制时要注意视平线仍然要定在一层的墙高偏下的位置。

楼梯的定位首先利用斜线画出其方向。

（2）刻画空间天花及墙面的造型，利用单线条进行概括处理，目的主要在于定位。

注意每个造型的小转折，这是最容易被初学者忽略的地方。

（3）用铅笔概括客厅所有家具的造型。

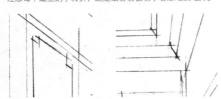

由于客厅属于大空间范畴，因此家具的比例不可画得过大，否则会使整个空间尺度产生错误。家具造型时首先利用几何形态进行概括处理。

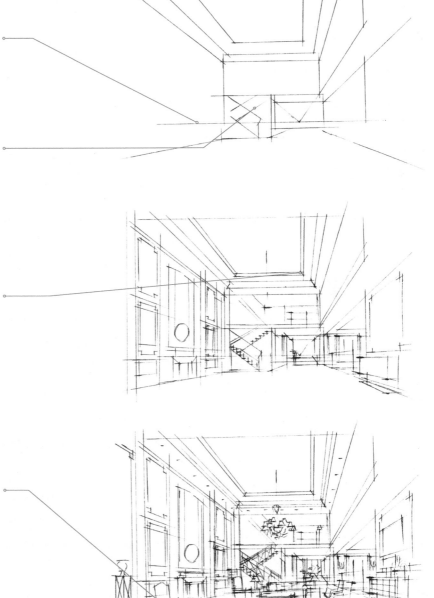

（4）用绘图笔刻画空间细节，先从天花和左侧的墙面画起。

勾线时需在底稿的基础上进行细化，形体的构造，天花、墙面造型的转折和细节，都要体现到位。

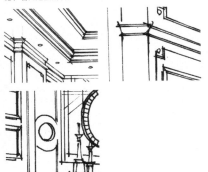

（5）继续将右侧墙面以及空间远处的细节一一表达。

远处空间的形体要概括处理，不要画得过细。

右侧空间的细节同样要表达到位，尤其要注意细小的转折部位。

（6）刻画空间家具的细节，使其形体表达更加完整。最后为画面重点部位添加阴影效果，丰富空间氛围。

这张图主要用线条进行表达，阴影调子只作为陪衬出现，利用2B铅笔在家具位置做点缀，强调光感，并稍微区分形体转折以及地面的反射效果。

4.2.2 复式客厅空间线稿表现二

（1）用铅笔定位空间的基准面、视平线和灭点，然后根据灭点向基准面的4个直角的位置连接透视线，形成空间的进深。

视平线的位置一般定在墙高一半或偏下的位置，也就是在1.3~1.5m。需要注意的一点是，透视的水平线和垂直线没有透视，应保持横平竖直。

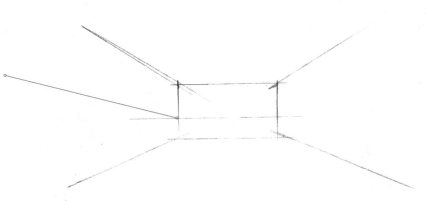

（2）用单线条画出天花板和墙面造型的基本框架，注意所有的透视线都应和灭点相交。

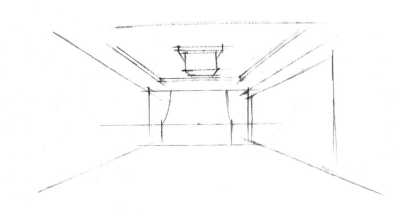

（3）定位空间中家具的投影。

家具的投影画法在前面的章节中已经讲到，在这里不做过多叙述，大家在画的过程中只要注意相互之间的比例关系和位置感就可以。

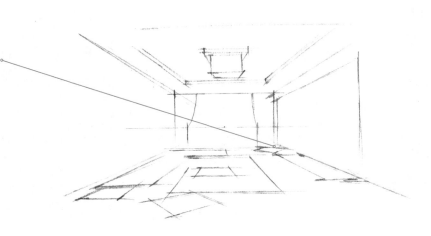

（4）概括出空间家具陈设的基本
形态，同时也要注意物体彼此之间的位
置和比例。

起铅笔稿的时候要注意，在定位形态时线条要画得稍微轻一
些，这样会给后期留有调整的余地。过重的线条不方便修
改，也不方便后期绘图笔勾线。

（5）在打好框架的基础上细化形
体，为绘图笔勾线做准备。

铅笔稿虽然能为后期勾线打下一定基础，但是建议大家不要
过分依赖铅笔稿，以锻炼使用绘图笔抓形的能力。

铅笔线只需要画出概括的形体便可，细节部位还是要依靠绘
图笔去塑造。

（6）用绘图笔勾出空间形体的轮
廓线。

使用绘图笔勾线的时候要注意，不要完全按照铅笔线条去
描。正确的方法应该是在铅笔稿的基础上再次推敲正确的空
间形态，因为铅笔稿画得很概括，所以它未必是最准的定
位。我们要学会在此基础上找出更精准的线条。

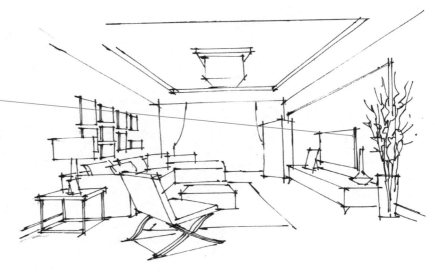

（7）深入刻画形体的细节。

即便是深入刻画，也不要强调写实效果，
还是要以相对概括的手法进行塑造。

（8）处理空间阴影部分。

阴影的排线方法前面已经提到，在这里提醒大家要注意的是，不同面的
阴影尽量要以不同的排线方向进行塑造，这样能明确地区分彼此的块面
关系。同时注意灯光和反射效果的阴影要用虚线。

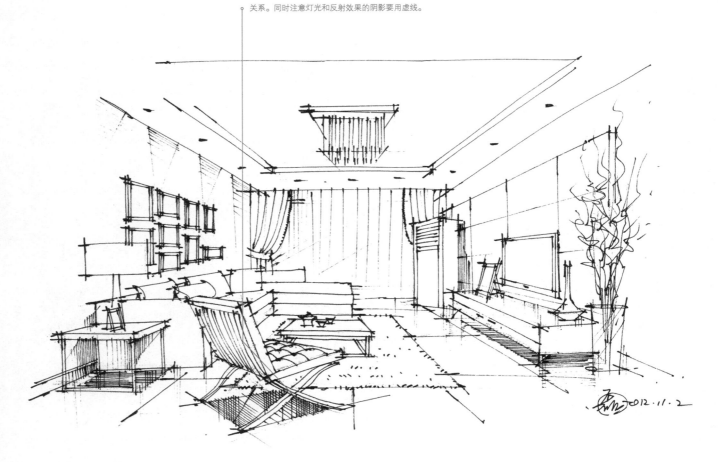

4.2.3 卧室空间表现

（1）用铅笔定位空间的真高线、视平线和灭点，然后根据灭点向真高线上下两点位置连接透视线，形成空间的进深。

天花板部分的两条透视线往往要比地面部分的透视线斜度大，这是因为视平线压低的原因。相反就会形成俯视效果。

真高线不要画得过长，以免影响近处形体的表达。

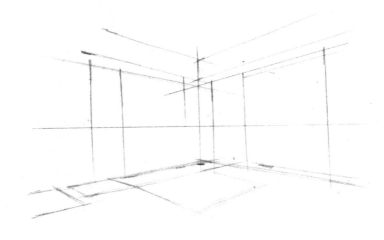

（2）用单线条定位墙面造型和地面家具的投影。

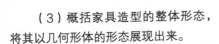

（3）概括家具造型的整体形态，将其以几何形体的形态展现出来。

（4）细化空间物体的造型，注意形体细节的转折和透视。

（5）用绘图笔勾出形体的轮廓线，注意线条要肯定，同时还要保持灵活性。

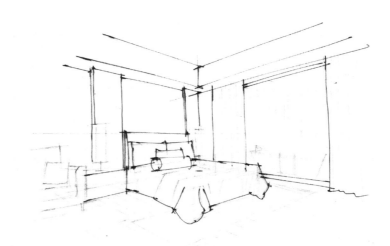

（6）完善卧室区域形体的塑造。

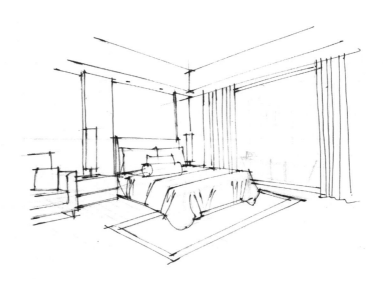

（7）画出地板的纹理
和卫生间区域的物体。

卫生间透明玻璃后面的形体也要清楚地
表达出来，不可画得含蓄。

在塑造地板时要严格注意条纹的透视关
系，其间距不要画得过大，也不要过于
紧凑。

（8）为画面添加阴影
效果。

对透明玻璃部位的阴影进行扫线，可以
表现其材质效果。

地毯的边线部位可以利用调子和地板进
行区分。

4.2.4 餐厅空间表现

（1）用铅笔画出空间的基本框架。

这张表现图选择了一点斜透视的角度，偏重简欧的风格。我们在绘制时要注意装饰角线的细节处理，以及圆形桌椅组合的形态表达。

一点斜透视的规律在前面的章节中已经讲到。处理时要注意空间中水平线的微妙变化。基准面中的水平线不要过分倾斜，以免造成视角变形。

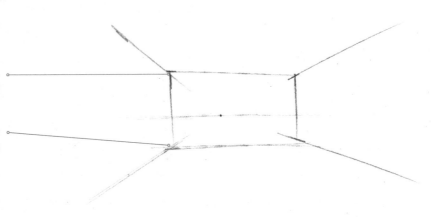

（2）用单线条定位墙面造型和地面家具的"投影"。

圆桌的投影由于透视原因应处理成椭圆形，椅子的投影将围绕圆桌的四周进行摆放。

（3）勾画出室内空间的整体框架。

这一步要注意，所有的线条都要概括处理，装饰角线的造型不用画得太细致，先用直线表示出整体框架，为下一步做准备。

（4）用绘图笔勾出空间的外轮廓。

（5）完善空间形体的轮廓和细节，注意小块面的细节处理。

简欧风格的空间装饰线较多，在处理的时候一定要注意每个细节的变化，不可千篇一律，把握好局部的同时也要注意整体和谐。

（6）添加阴影效果，刻画中心部位，使画面重点突出。

窗帘的上部为了与吊顶区分而加了少许阴影。

桌椅部位体现出了强烈的阴影效果，使其黑白对比效果更强，重点突出。

桌椅下的地毯为了与地砖进行区分，利用少许阴影进行了细致刻画。

4.2.5 卫生间空间表现

（1）用铅笔画出空间
的大框架，要注意空间的高
度和长宽比例，同时定位卫
生间洁具的地面投影。

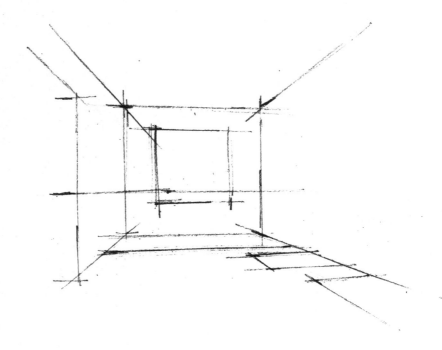

（2）画出空间的整体
框架，注意彼此之间的比例
关系。

（3）用绘图笔画出
空间的外轮廓。

每个形体的造型、比例和位置都要表达
准确。更要注意墙面砖的透视。

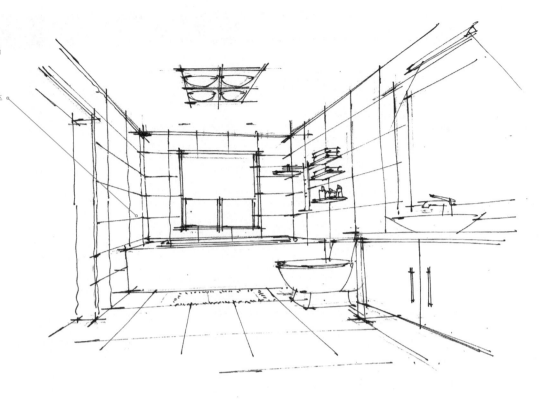

（4）为画面添加阴影
效果。

4.3 办公空间线稿步骤讲解

4.3.1 办公前台空间表现

（1）用铅笔勾画出空间的基本墙面，要注意透视准确。

这个空间的透视属于复合型透视，空间中有多个灭点，但都出现在一条视平线上，在进行表达时要注意这一点。

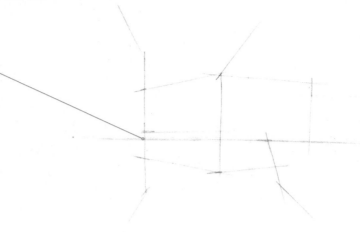

（2）用单线条概括出空间造型的轮廓。

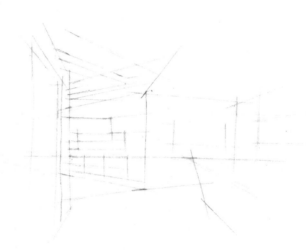

（3）在原有的基础上对整体空间进行细致刻画，注意小局部的透视也要准确。

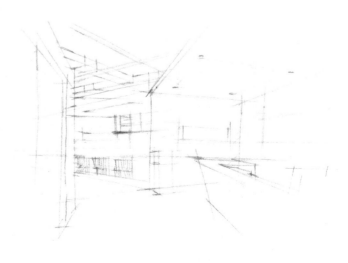

（4）用绘图笔开始勾画空间的轮廓。

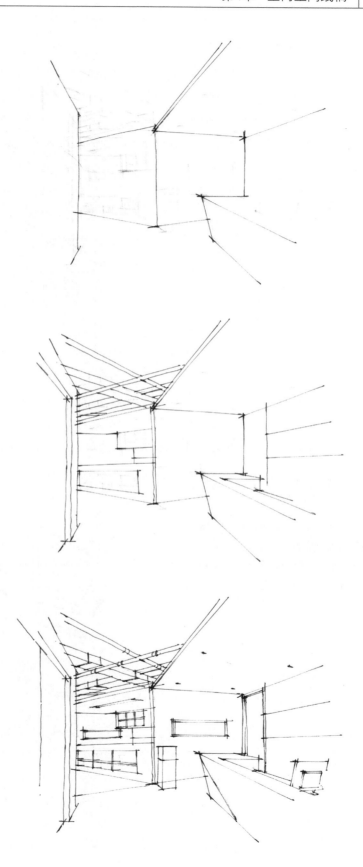

（5）勾线时要注意形体之间的层叠关系，线条要沉稳，转折要清晰。

（6）完善空间的造型部分，使形体更加明确、完整。

（7）处理空间的各个细节部
分，使细节服从于整体。

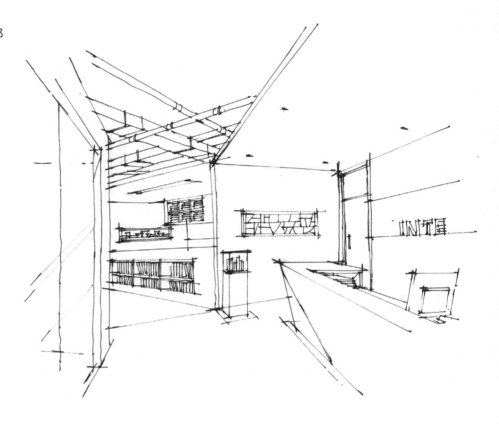

（8）整体线稿完成后做一些局
部调整，用少量的排线区分明暗对
比，拉开空间关系，但不要上过多的
调子，以便给上色留出更多的空间。

4.3.2 经理办公室空间表现

（1）用铅笔构架好空间的透视，注意
长宽尺度的比例。

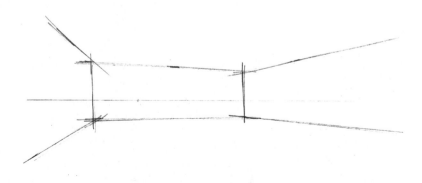

（2）画出墙面造型的主要线条，
同时将家具的投影定位出来。

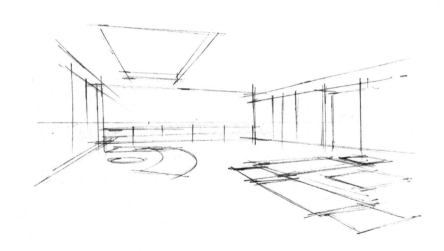

（3）画出家具的整体形态。

这些是办公室的主题，要认真去画，注意彼此之间的比例
关系，做到造型准确。

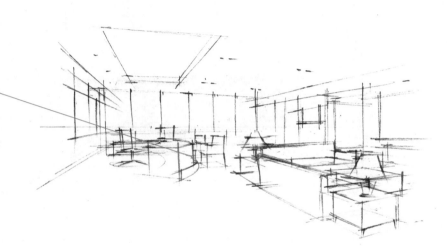

（4）用绘图笔画出空间的整体轮廓，此时空间形态已经基本表现出来。

（5）进一步做图面调整，处理好整体的黑、白、灰关系，这样线条表现就全部完成了。

4.3.3　会议室空间表现

（1）用铅笔简练地表现出空间透视，并画出弧形天花板的大致造型。

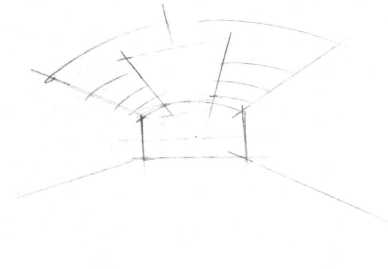

（2）画出会议桌和周边沙发的投影，处理时要注重整体的轮廓线。

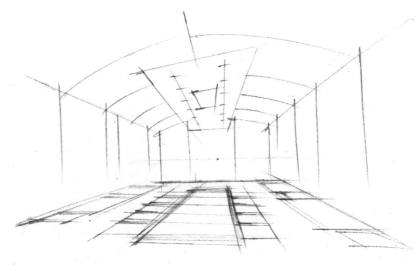

（3）细致刻画出空间天花板、墙面和陈设的具体形态。

（4）用绘图笔从天花板部位开始勾画出造型的细部，注意结构要准确。

（5）一次完成墙面部位和会议桌等陈设的造型。这一步要准确强调出家具的细节。

（6）为画面添加阴影，调整图面的黑、白、灰关系，突出重点部位。

4.4 商业空间线稿步骤讲解

4.4.1 餐厅空间表现

（1）用铅笔定位视平线，画出空间的整体框架。

在绘制这张餐厅效果图的时候要注意整体空间感的把握，透视属于复合透视，在绘制时可以先在视平线上定位几个主要的消失点，再进行形体塑造。水晶吊灯是空间中的亮点，要把握住其形态。

画空间框架的方法和前面的空间步骤差不多，只是需要注意这个空间的透视比较烦琐，小块面转折较多。

（2）在大框架的基础上刻画空间造型的细节，为后期勾线做准备。

大吊灯在弧形框架的基础上分组进行塑造，在局部刻画时要把握好整体的流线造型。

（3）用绘图笔勾出空间的整体轮廓线，注意结构要清晰，形体要准确。

（4）深入刻画形体的细节。

大吊灯的材质用线条排列，注意排线过程中要根据形体的弧度来体现疏密变化。

餐厅操作间内部可做概括处理，为增强空间氛围，可在内部添加人物配景，注意处理时要概括，不必画得过于写实。

椅子的细节用线条加以完善。

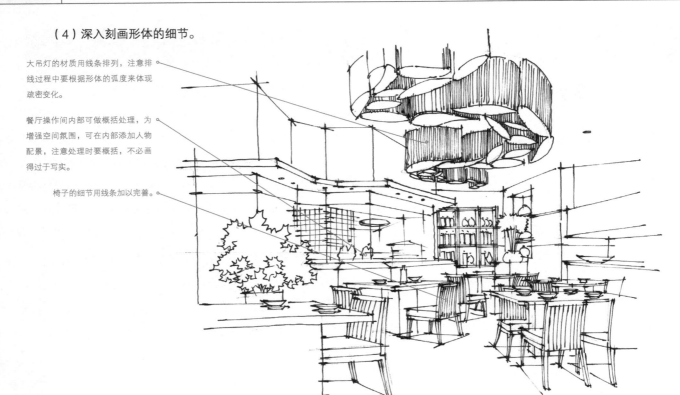

（5）整体调整画面并添加阴影效果。

不同面的阴影尽量要以不同的排线方向进行塑造，这样能明确地区分彼此的块面关系。

4.4.2 酒店大堂空间表现

（1）用铅笔画出空间的整体框架。

这个空间属于大型空间，在处理大空间的时候要注意空间的整体比例，切勿把大空间画成小空间。

水晶灯的造型先用线条整体概括其边线。

无论室内空间的层高有几层，视平线的定位永远都要以人的视角为基准，也就是定在第1层空间1.5m左右；空间中心位置是楼梯造型，在绘制时要抓准楼梯的整体动线，使第1层和第2层整体连接。

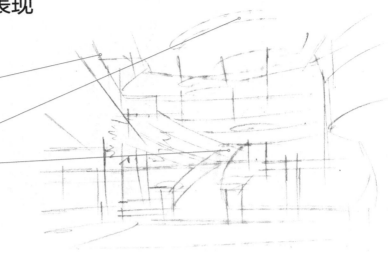

（2）在大框架的基础上将形体细致刻画，把握好物体的造型。

楼梯部位根据斜线的走向体现踏步的转折点，然后再根据透视画出踏步的整体形态。

（3）用绘图笔先画出水晶吊灯的造型细节。

水晶灯的造型先用线条整体概括其边线,再用排线方式刻画细节，且线条长短不一，同时要注意转折点的变化。

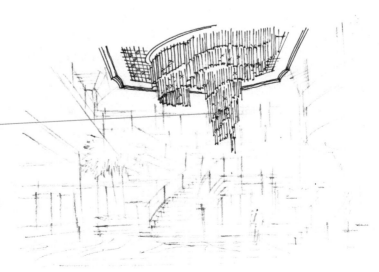

（4）画出空间天花板和墙面的
整体轮廓线。

（5）进一步完善空间的整体轮
廓，人物配景的画法注意要用概括的
手法来表达。

在空间中添加人物配景是用来衡量空间的整体比例和营
造空间氛围的。因此在大场景的表现中，可以在图面的
某些部位画一些人物，但要注意人物的处理要适当，不
要遮挡空间的主要设计部分，不然就会喧宾夺主。其次，
人物的处理可以以单体或者群组的形式来表达，群组的
情况下要注意整体的疏密关系，不要画得过于分散。

（6）进一步调整画面，细化材
质、添加阴影，使画面达到完整效果。

4.4.3 专卖店空间表现

（1）用铅笔画出空间的大框架，将展架上的服装先概括成单线形式，中间的展柜部分限定为其投影效果。

处理这张效果图的时候要体现专卖店的氛围，因此展柜的部分需要我们重点来表现，层叠的衣服和商品要概括处理，最重要的还是要体现空间感，切勿喧宾夺主。

（2）将墙面的展架造型、天花板造型和中间的展柜造型细致地刻画出来，注意整体的透视感和相互间的比例关系。

（3）用绘图笔勾画出空间的轮廓线和展架展柜的形态，注意造型要准确。

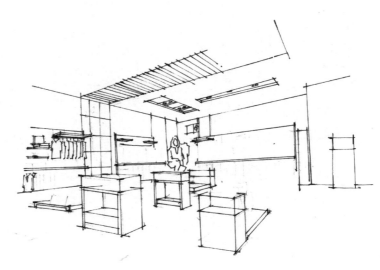

（4）将陈列的商品用线条概括地画出来，要注意取舍，不能面面俱到，否则会喧宾夺主。

衣服的刻画只体现其轮廓
即可，要注意远近变化。

（5）进一步完善空间细节，刻画展柜细节以及内部的商品、自行车模型等。在处理地砖时要注意透视准确，最后添加少量的阴影衬托形体，使画面达到完整统一。

自行车的刻画要注意造型准确。

展柜内部的商品也用单线概括。

地面的反射利用垂直的虚
线条概括处理。

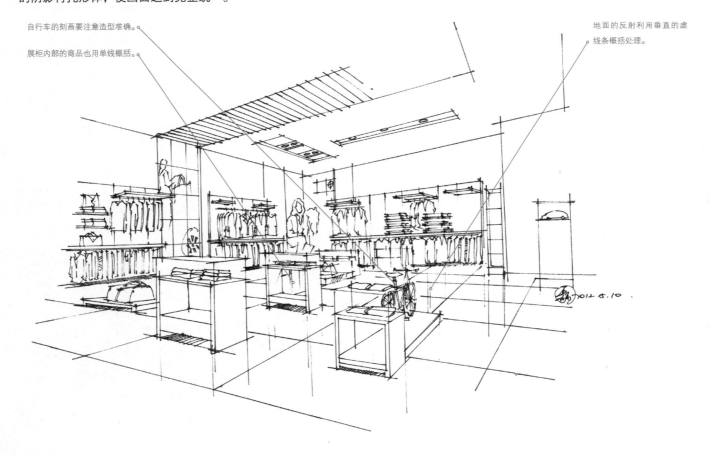

4.5 室内空间线稿作品范例

　　通过前面的步骤讲解，我们已经了解到室内空间线稿绘制的基本要领。下面列举了部分优秀的空间线稿实例作品供大家临摹，希望大家认真练习并做到熟能生巧。

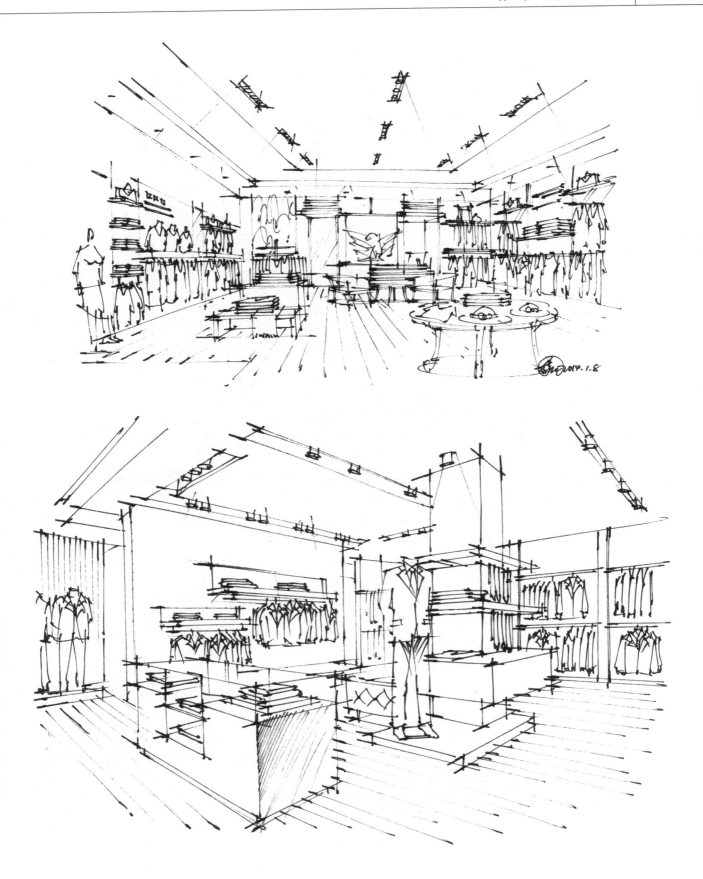

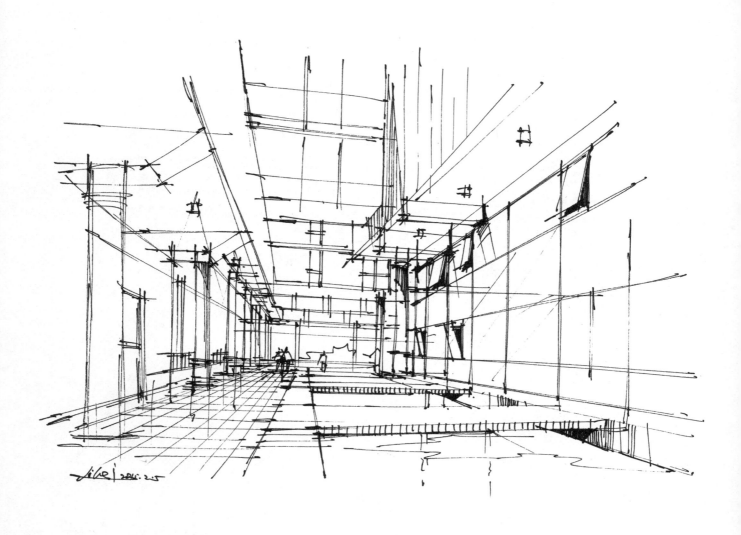

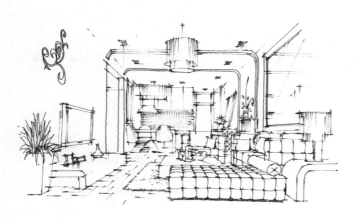

马克笔、彩色铅笔的特点和用法

- 色彩知识讲解
- 马克笔和彩色铅笔的特点
- 马克笔和彩色铅笔的笔触讲解
- 家具陈设着色步骤
- 家具陈设着色作品范例

5.1 色彩知识讲解

色彩对人们有一种心理效应。在室内设计中，色彩可以改变空间的大小，当然并不是说空间真实的大小被改变，而是通过色彩，改变了人们对空间的视觉感受。色彩影响着室内空间的进深感、舒适感、环境气氛和心理等因素，往往要优于形态上的变化。那么我们在绘制室内效果图时，也要学会把握好图面上的色彩，使图面上的空间看上去更像是真实的空间，以达到我们预计的设计效果。

手绘效果图的色彩并不像纯绘画中的色彩千变万化，也不需要讲究过多的色彩关系，所以在本节中，我们只为初学者针对色彩的基本知识进行讲解。

5.1.1 色彩的三要素

● 色相

色相指色彩的相貌名称，如红、蓝、紫等。色相是色彩的首要特征，是区别各种不同色彩的最准确的标准。

● 明度

明度指颜色的亮度，不同的颜色具有不同的明度，色彩混入黑色、白色后便会产生明暗关系。任何色彩都存在明暗变化，其中黄色明度最高，紫色明度最低，绿、红、蓝、橙的明度相近，为中间明度。另外，在同一色相的明度中还存在深浅的变化，如绿色中由浅到深有粉绿、淡绿、翠绿等明度变化。

明度色标

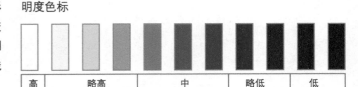

● 纯度

纯度也称饱和度，色彩的纯度强弱，是指色相感觉明确或含糊、鲜艳或混浊的程度。高纯度色相加白或黑，可以提高或减弱其明度，但都会降低它们的纯度。如加入中性灰色，也会降低色相纯度。在绘画中，大都是用两个或两个以上不同色相的颜料调和的复色。根据色环的色彩排列，相邻色相混合，纯度基本不变（如红黄相混合所得的橙色）；对比色相混合，最易降低纯度，以至成为灰暗色彩。色彩的纯度变化，可以产生强弱不同的色相，而且可以使色彩产生韵味与美感。

纯度色标

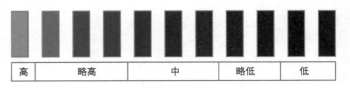

5.1.2 色彩的冷暖

冷暖是将色彩根据心理感受，把颜色分为暖色调（红、橙、黄）、冷色调（青、蓝）和中性色调（紫、绿、黄、黑、灰、白）。在绘画与设计中，暖色调给人以亲密、温暖之感，冷色调给人以距离、凄凉之感。另外，人对色彩的感受强烈也受光线和邻近颜色的影响。色彩的冷暖也是人们在长期的生活实践中由于联想而形成的。红、橙、黄色常使人联想起东方旭日和燃烧的火焰，因此有温暖的感觉，所以称为暖色；蓝色常使人联想起高空的蓝天、阴影处的冰雪，因此有寒冷的感觉，所以称为冷色；绿、紫等色给人的感觉是不冷不暖，故称为中性色。色彩的冷暖是相对的，在同类色彩中，含暖意成分多的较暖，反之较冷。

5.1.3 色调

在不同颜色的物体上，笼罩着某一种色彩，使不同颜色的物体都带有同一色彩倾向，这样的色彩现象叫作色调。色调是一幅画中画面色彩的总体倾向，是整体的色彩效果。在为室内空间上色时，首先会考虑和确定空间是一种什么色调，然后再围绕着这个色调进行绘制。通常我们可以从色相、明度、冷暖、纯度4个方面来定义一幅作品的色调。

这张卧室效果图大面积采用偏黄的颜色来处理，整体显得很温馨，即使有少量其他的颜色，但是并不影响整体的黄色气氛，因此我们给它定义成黄色调。

这张效果图在局部利用少量的黄色和较艳丽的颜色进行点缀，但大部分的色彩还是偏重于蓝灰色，因此整体氛围显得庄重一些。

5.2　马克笔和彩色铅笔的特点

5.2.1　马克笔的特点

马克笔是目前国内设计行业绘制效果图最常用的一种工具，它色彩剔透、笔触清晰、方便快捷、便于携带，也能结合其他工具混合使用，形成良好的效果。

马克笔按照不同类别可分为油性、酒精性和水性3种。油性笔以三幅和AD品牌为代表，颜色稍稍偏灰，纯度较低，画时容易扩散。酒精笔以touch和finecolour品牌为代表，是初学者常用的品牌，颜色纯度较高，色彩透明，干后不易变色。水性笔现在在设计图中用处较少，因为它不易笔触叠加和不同颜色覆盖，过多会导致纸面起毛。

马克笔一般情况下会配合钢笔线稿使用，待用钢笔在前期绘制好后，再用马克笔进行着色。需要注意的是，马克笔的笔头较小，排笔要按照各个块面结构有序排整，否则笔触就会画乱。另外，选色时最好少用纯度高的颜色，应选用偏灰的颜色去表现。

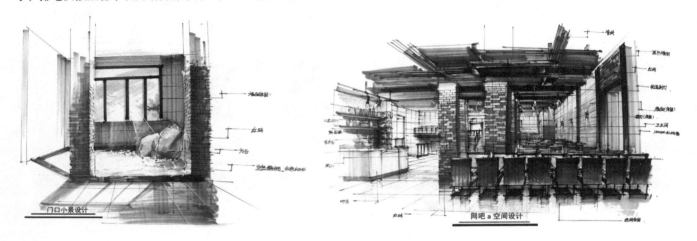

很多初学者在开始用马克笔时，笔触显得杂乱无章，这主要是因为没有把笔触和形体、材质很好地结合。要学会运用整齐的笔触和多角度的变化以及笔触的轻重快慢来丰富画面关系。右面这张效果图看似颜色很漂亮，但是笔触过于混乱，结构不清晰，显得浮躁。

另一点需要注意的是，马克笔的颜色不像水粉和水彩那样容易调和，过多的调和会使颜色变脏，笔触含糊不清，尤其是颜色与灰色系列的搭配要格外注意。右面这张效果图试图表现得面面俱到，颜色叠加较多，导致笔触过腻，颜色偏脏。

画面留白也是马克笔表现的特点之一，也是难点。由于马克笔多为酒精和油质构成，一般的白颜料很难覆盖，这就需要我们在练习中学会用留白来体现受光面和高光部位，这样也可以让图面感觉很有"巧劲儿"。另外，还可以选择白色油漆笔和修正液加以提亮来表示。

右边这张效果图的受光面以留白的方式来体现，画面光感强烈，显得透亮、巧妙。

这张效果图为了体现强烈的光线效果，在受光部位利用了修正液（也可以用高光笔）进行提白，这种方式在绘制效果图时也是常用的手法。

5.2.2 室内手绘马克笔常用色谱

在这里总结一下室内手绘常用的马克笔色谱，供大家参考选择。

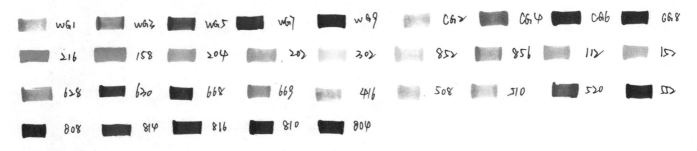

WG1	WG2	WG5	WG7	WG9	CG2	CG4	CG6	GG8
216	158	204	202	302	852	856	112	157
628	630	668	669	416	508	510	520	53
808	814	816	810	804				

> ● TIPS ●
> 以上色号是 STYLEFILE MARKER 品牌的常用色号，大家也可根据自己的需要选择相关品牌的马克笔以及其色号使用。

5.2.3 彩色铅笔的特点

对于彩色铅笔，我们一般都会选择水溶性的，这是因为它能够很好地和马克笔配合使用，使笔触融为一体。彩色铅笔颜色丰富，表现细腻深入，笔触可粗可细，能起到过渡、完善、统一画面的作用。有时也可以直接用彩色铅笔进行草图绘制，这样可达到增强空间的效果。

彩色铅笔也可以在钢笔线稿上进行着色，也可以直接绘制然后着色，笔触可以像画素描一样排线，易于掌握，而且覆盖力较强，可以任意地调配颜色，强调厚重的感觉。同时，它还可以弥补马克笔颜色单一的缺陷，能衔接马克笔笔触之间的空白。

5.3 马克笔和彩色铅笔的笔触讲解

5.3.1 马克笔笔触

笔触是最能体现马克笔表现效果的，最常用的包括单行摆笔、叠加摆笔、扫笔、点笔等技巧。

● 单行摆笔

摆笔是马克笔最基本的笔法形式，这种形式就是线条简单的平行或垂直排列，最终强调面的效果，为画面建立秩序感，每一笔之间的交接痕迹都会比较明显。

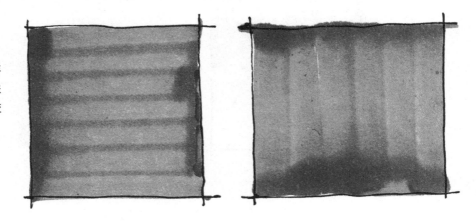

马克笔的摆笔强调快速、明确、一气呵成，并追求一定力度，画出来的每条线都应该有较清晰的起笔和收笔的痕迹，这样才会显得完整有力。运笔的速度也要稍快，这样才能体现干脆、有力的效果。切勿缓慢地运笔，这样会使笔触含糊不清，显得很腻。对于一些较长的线条也应该一气呵成，中间尽量不要停笔。这个技巧需要大家平时多多练习。

正确的执笔方向和运线方法　　　缓慢运笔的结果

●TIPS●
过于缓慢地运笔会导致线条过腻，笔触含糊不清。

摆笔法适合空间的大块面塑造，其笔触工整且具有一定的秩序感，如下图所示。

　　另外值得一提的是，由于马克笔的笔头较小，所以不适合做大面积的渲染，当遇到过大或者过长的面时，需要做概括性的表达，手法上要做些必要的过渡。而较柔和的过渡又是马克笔不擅长的，画不好容易腻，所以笔触之间要有疏密和粗细的变化，要利用折线的笔触形式逐渐地拉开间距，概括地表达过渡效果即可。另外要注意，随着线的空隙加大，笔触也要越来越细，这就需要我们不断地调整笔头的角度。

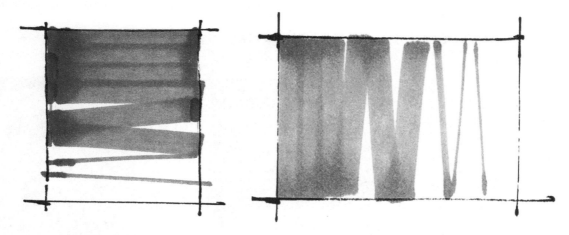

　　摆笔的过程中要注意线条的斜度变化，细线部分用马克笔笔头刻画即可，但要注意，细线条不可过多修饰，以免块面显得琐碎。

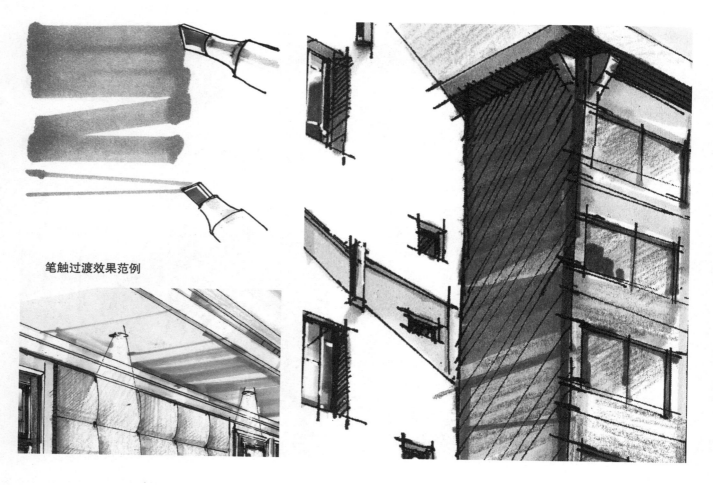

笔触过渡效果范例

● 叠加摆笔

笔触的叠加在马克笔表现中也是很常见的，它能使画面色彩丰富，过渡清晰。为了强调更明显的对比效果，往往都会在第一遍颜色铺完之后，用同一色系的马克笔再叠加一层。

需要注意的是，叠加第2层的时候不要选择比第1层浅的颜色，那样是不会显现效果的。

叠加的运笔方向要和第1层笔触的运笔方向统一，不能交叉，否则画面秩序会显得乱，也不要完全覆盖掉第1层的颜色。

还要注意的是，我们在画第1层颜色的时候会有笔触过渡的变化，所以在叠加第2层颜色的时候，不要按照第1层颜色的笔触去描，只要做稍稍的笔触过渡，和第1层颜色融合到一起就可以了。

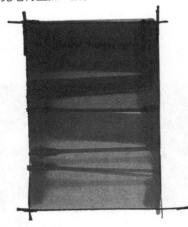
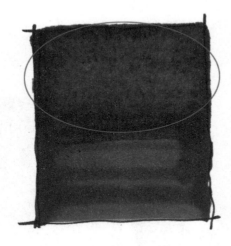

> **◎TIPS**
>
> 从上图可以看出，由于第2层叠加的颜色比第1层底色浅，因此看不出笔触效果，同时还会显得腻。

笔触叠加效果范例

● 扫笔

扫笔的方法是起笔稍重，然后迅速运笔提笔，速度要比摆笔更快且无明显的收笔。注意，无明显收笔并不代表草率收笔，它也有一定的方向控制和长短要求，只是为了强调明显的衰减变化。最常见的扫笔体现在画光效的时候，因为光晕的衰减非常明显，越到远处它的阴影边线就会越虚，如果有明显的收尾笔触的话，就不会画出来衰减效果。所以，扫笔也是我们需要掌握的基本技巧之一。

扫笔法效果举例

● 点笔

点笔常用来画一些细小的物体和室内、室外的植物，其特点是笔触不以线条为主，而是以笔块为主，在笔法上是最灵活随意的。点笔的时候虽然灵活，但也要有方向性和整体性，要控制好边缘线和疏密变化，不能随处点笔，以免导致画面凌乱。

点笔法效果举例

TIPS

点笔过程中要注意形体块面的变化，笔触要有疏密关系和章法，不可乱点。

5.3.2 彩色铅笔笔触

彩色铅笔（以下简称彩铅）的笔触相对于马克笔的笔触要简单许多。在上色的过程中，彩色铅笔往往与马克笔结合使用，在某些地方起到对马克笔颜色的过渡作用。下面列举了一些常见的彩色铅笔笔触表现。

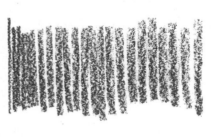

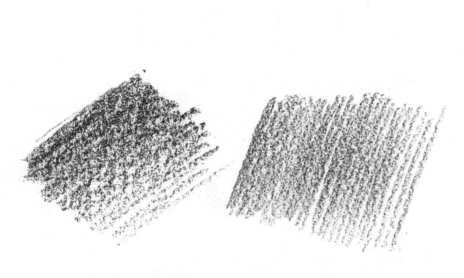

5.4 家具陈设着色步骤

前面已经学习了马克笔和彩色铅笔的笔法运用，下面将进行家具及陈设的表现练习。在表现过程中，我们要学会概括、提炼，要在保持元素基本特征的基础上表现形体、光感、色彩和质感的属性，使其形象更加具备典型的特征。

在绘制过程中，要杜绝看一眼画一笔的毛病，这样画出来的画面是缺乏整体感的。初学者应该培养自己对形体和色彩的掌控能力，在分析和理解家具陈设的结构和颜色之后，将其整体地体现出来。

5.4.1 单体沙发着色

（1）绘制出单体沙发的线稿。

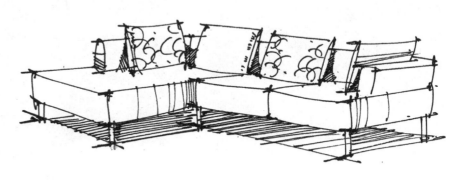

（2）选择一支暖灰色马克笔（WG1）画沙发的灰面，注意用笔要轻快，然后用稍重点的灰色（WG3）画出沙发的暗面。

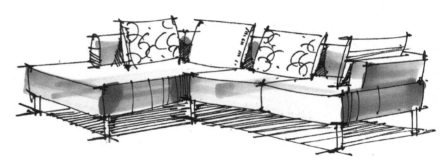

（3）用土黄色彩铅画出沙发靠垫的基本色彩，再用冷灰色马克笔（CG4）画出地面阴影。

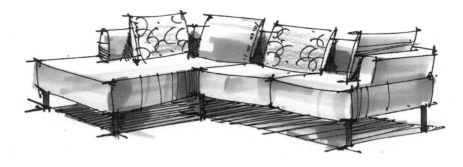

（4）这时的沙发已经有了一定的体积感，在此基础上继续加重形体的暗部。首先用WG5号马克笔在暗面进行叠加，使暗部的转折处更重些；然后用WG7号马克笔画出靠垫后面的阴影效果，接着用touch101号马克笔画出靠垫的暗面；最后加重地面阴影部分的层次，这样就完成了。

用马克笔着色时要注意强调家具的形体结构关系，不必过多注重颜色之间的变化。

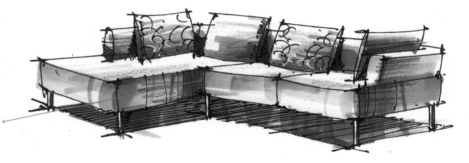

5.4.2 床体着色

（1）绘制出床体的线稿，注意要将结构交代清晰。

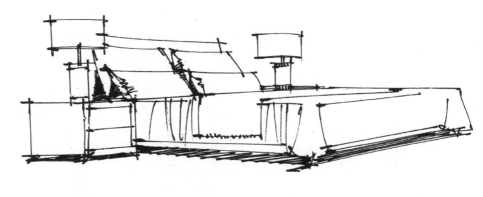

（2）选择偏黄的灰色马克笔（touch26号）画出床单的布褶效果，注意笔触要按照线稿线条的方向运笔，然后用木色马克笔（touch95号）画出床头柜的固有色，笔触要整齐。

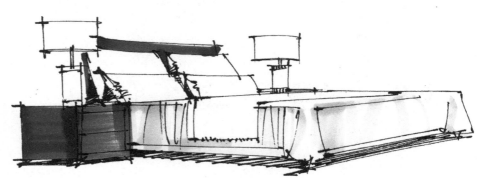

（3）用touch104号马克笔快速扫笔，画出床布褶的层次，然后用暖灰色马克笔（WG4）画出地面阴影。

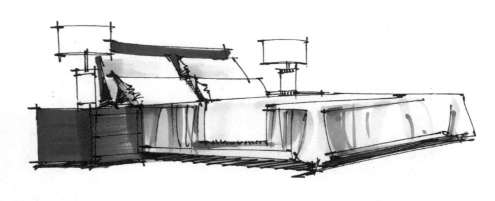

（4）用暖灰色马克笔（WG3）画出床单的暗面效果，然后用touch92号马克笔画出床头柜的暗部和阴影，接着利用土黄色彩铅画出台灯的灯光。

5.4.3 办公椅着色

（1）画出办公椅的铅笔线稿，并表现出简单的明暗关系。

（2）用冷灰色马克笔（CG4）画出椅子的基本色彩，要以摆笔触为主。

（3）进一步刻画椅子的层次，用冷灰色马克笔（CG6）进行叠加，最终的部位采用CG8号马克笔来体现。

（4）用暖灰色马克笔（WG2）画出椅子扶手和椅子腿的金属质感效果，注意留白。

（5）用暖灰色马克笔（WG5）画出地面阴影效果，金属部分的高光利用修正液点缀，然后用黑色彩铅画出椅子靠背的材质肌理效果。

金属材质一般都以冷灰色或者暖灰色马克笔来体现。刻画时要注意金属自身的光泽效果，因此要注意留白。

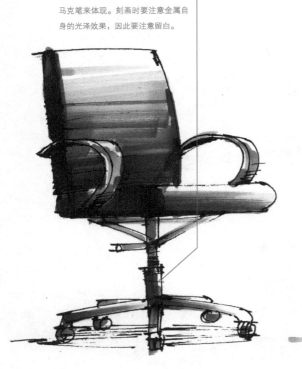 

5.4.4 藤椅着色

（1）画出藤椅的线稿，为着色打好基础。

（2）用touch104号马克笔按照形体平涂，刻画藤椅的藤质部分。

较细的形体可用马克笔的小笔头部分刻画。

（3）继续选择touch104号马克笔刻画藤椅部分，中间的靠垫利用红色马克笔刻画。

着色时要注意笔触之间的留白效果。

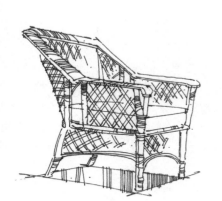

（4）刻画椅子的层次关系，并利用touch101号马克笔加重暗部效果。

为了体现透气性，加重时要局部加重，不能整体覆盖之前的底色。

（5）深入刻画局部细节，使形体显得更加厚重，然后用touch99号马克笔画出暗部效果，接着采用修正液提白。

5.4.5 绿色植物着色

（1）画出植物的线稿，注意明暗关系的表现。

（2）用黄绿色马克笔（touch48号）画出植物叶片的颜色，注意笔触要按照线稿的形态进行描绘。

（3）用中绿色马克笔（my colour155号）进行刻画，为植物添加层次效果。

注意刻画时要留出亮面底色，加重灰面部分。

（4）用重绿色马克笔（touch43号）画出叶片暗部的效果。

（5）用touch52号马克笔点缀暗部，使其具有冷暖变化，然后利用暖灰色马克笔（WG4）画出枝干效果，接着用冷灰色马克笔（CG4和CG6）画出花盆的颜色。

尹誉茹 201

5.4.6 花卉着色

（1）画出花卉的线稿。

（2）用黄绿色马克笔（touch48号）画出植物叶片的颜色，注意笔触要按照线稿的形态进行描绘。

（3）用中绿色马克笔（my colour155号）进行刻画，为植物添加层次效果。

注意刻画时要留出亮面底色，加重灰面部分。

（4）用重绿色马克笔（touch43号）画出叶片暗部的效果，同时用淡粉色马克笔（touch9号）点缀花的颜色。

（5）用灰色马克笔（WG2）画出花瓶的效果。

5.4.7 组合家具着色

（1）画出组合家具的铅笔线稿，注意要交代清楚明暗关系，为着色打下基础。

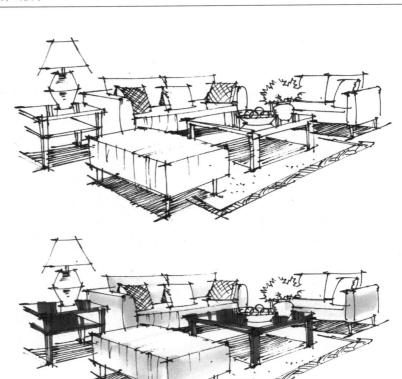

（2）用偏黄的灰色马克笔（touch26号）画出沙发的固有色，然后用木色马克笔（touch95号）画出木头的材质效果。

（3）加强家具组合的层次效果，用重色加深形体的暗面，亮面保持底色不变。

（4）深入刻画组合的细节。用暖灰色马克笔（WG2）画出家具的暗部转折部位，然后用WG1号马克笔画出地毯的颜色，用WG5号马克笔画出阴影效果，接着用冷灰色马克笔（CG6）画出地毯边缘的深色部分，再用绿色和淡粉色马克笔点缀植物，最后选择黄色彩铅画出灯光效果。

5.5　家具陈设着色作品范例

本节列举一些家具着色作品供大家进行参考学习。

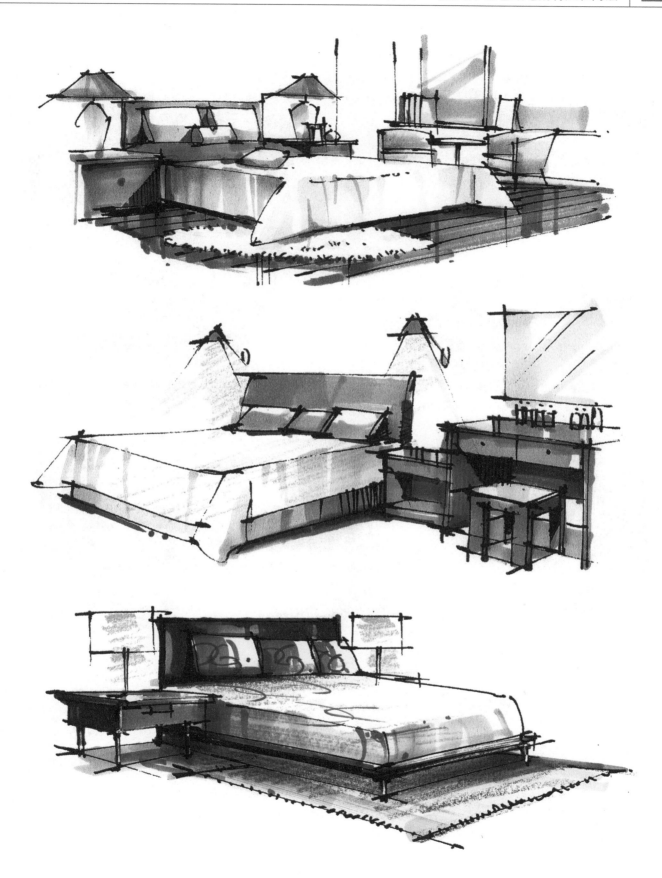

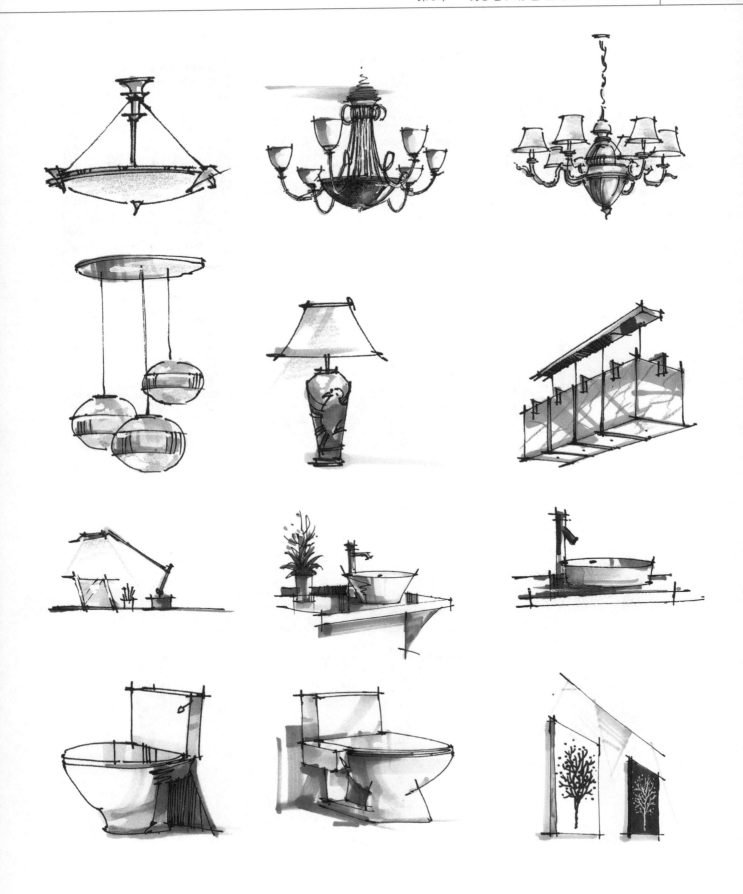

第6章

室内空间着色

- 家居空间着色
- 办公空间着色
- 商业空间着色
- 室内空间马克笔作品展示

6.1 家居空间着色

6.1.1 客厅着色表现

（1）绘制出客厅的空间线稿。

（2）用马克笔和彩铅处理天花板的颜色。

用暖灰色马克笔（WG3）画出天花板的颜色，以横摆笔为主。

注意筒灯的周围要留白，以体现光束效果，中间的灯池用淡黄色彩铅平涂。

（3）用土黄色彩铅画出墙面壁纸的颜色，然后用红棕色彩铅画出窗帘的固有色，注意用笔要大气奔放。

前面壁纸的笔触采用竖向排线。

（4）细致刻画墙面和窗帘的层次关系。

用暖灰色马克笔（WG5）画出窗帘暗部的效果。

用暖灰色马克笔（WG1）画出墙面的中间色部分，然后用暖灰色马克笔（WG3）画出家具映在墙上的阴影。

（5）塑造家具的颜色。

浅色沙发用土黄色彩铅画出固有色，注意笔触稍奔放些，暗部用暖灰色马克笔（WG3）摆笔画出。

深色沙发、电视柜和茶几亮面留白，暗面用冷灰色马克笔（CG6）画出其固有色，笔触以平涂为主。

地毯的边线部分用暖灰色马克笔（WG3）平铺，中间部位用29号马克笔斜向摆笔。

（6）深入刻画家具的层次关系。

茶几的暗面加深重色之后，原来的底色作为对周围环境的一种反射效果，这样其自身就变成了烤漆效果的材质。亮面利用淡蓝色马克笔（my colour156号）画出反射灯光的效果。

沙发的灰面用冷灰色马克笔（CG4）快速平铺，亮面用暖灰色马克笔（WG1）稍加点缀，高光部分留白。整体上带有冷暖的颜色关系，同样也能体现皮质沙发的材质效果。运笔要快速，用扫笔强调渐变效果。

用冷灰色马克笔（CG8）画出家具暗部的层次，笔触要注意和底色区别开，不要完全统一。

（7）继续深入局部效果，调整画面的整体关系，使其整体气氛更加浓厚，使画面效果完整统一。

用暖绿色马克笔（my colour155号）画出植物的固有色，暗部用墨绿色马克笔（touch43号）点缀。

加重沙发部分的转折，使明暗层次更加分明，然后用黑色彩铅平涂灰面，使暗部和亮部柔和。

窗户的玻璃和远处建筑物笔触示意图：底色上好后，乘机叠加笔触可以表现远处虚体的效果。

用修正液点缀空间中的高光部位。

窗户部位用淡蓝色马克笔（my colour156号）画出玻璃和天空效果，远处建筑物用冷灰色马克笔（CG4）快速扫笔画出。

6.1.2 卧室着色表现

（1）画出卧室的线稿图，注意线条要流畅，透视要准确。

（2）画出墙面和天花板的空间色彩，以及灯带的灯光颜色。

灯带的颜色用淡黄色彩铅平涂。

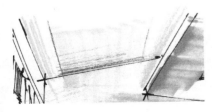

为表现灯光的退晕效果，在接近光源的位置，需用扫笔技法处理。

天花板和墙面先用暖灰色马克笔（WG1）平铺，注意笔触不要画满，要留"飞白"，接着再用WG3号马克笔出层次效果，以体现墙面和天花板受光线照射而产生的过渡变化。

墙面最暗部位用WG5画出。

（3）刻画家具的颜色效果。

窗框以及家具木质部分用木色马克笔（touch91号）表现。

床帘属于透明纱帘，因此颜色要选择较为透亮的颜色，在这里我们选择用touch29号来表现。

家具布面（床体、床棚和沙发）用土黄色彩铅先画出其基本颜色，注意用笔要灵活，线条要按照结构方向排列。

（4）用大笔触画出玻璃和地板的色彩。

玻璃的颜色采用淡蓝色马克笔（my colour156号）来表现。要注意的是，玻璃属于透明材质，因此上色时不要画满整面玻璃，要大面积留白，只用少量的颜色点缀即可。

玻璃材质强调留白效果。

地板受光部位选用touch97号来表现，背光部选用touch92号来表现，笔触排线要整齐，用摆笔表现。

（5）深化主题，细化局部。

墙面上的装饰画利用较艳丽的颜色点缀，灰中透亮，主要采用点笔的技法。

家具与窗框木材质的暗部效果用touch92和98号叠加表现，亮面不变。

玻璃利用暖灰色马克笔（WG1）摆些概括的笔触，表示受室内环境的影响产生的环境色变化。

沙发、布艺的亮面保持黄色彩铅的固有色，暗面利用暖灰色马克笔（WG2）加深，拉开其明暗层次。

床帘的布褶利用暖灰色马克笔（WG2）加深，强化体积效果。

墙体和天花板用褐色彩铅细致刻画，以体现出其受光源影响而产生的明暗层次变化。

地毯用土黄色彩铅打底，然后用暖灰色（WG1）体现灰面效果，阴影部位用WG5刻画。

（6）调整画面的整体关系。

利用修正液点出空间受光部位的高光即可收笔。

在横向摆笔之后加入竖向摆笔，可以表现地板的反射效果。

地板部分有明显的光影变化，背光部位继续用touch92号刻画，家具阴影部位用98号加深。

6.1.3 卫生间着色表现

（1）画出卫生间的线稿，注意交代清楚结构关系。

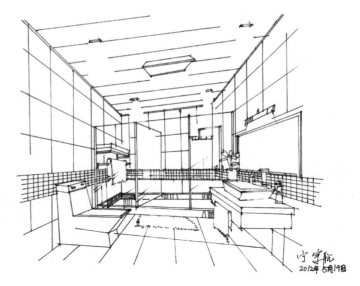

（2）画出天花板及灯光效果。

灯光部分用淡黄色彩铅平涂。

天花板材质属于铝塑板材质，因此会带有较弱的反射效果，在处理时先用冷灰色马克笔（CG2）横向摆笔，然后用几笔竖线条画出其反射效果。

（3）画出地面与墙面的色彩效果。

墙面用暖灰色马克笔（WG1）平涂，阴影部位用重一度的暖灰色马克笔（WG3）加重。

地面选用CG2横向排笔，以体现地砖的固有色，然后用竖线表现地面反射效果。洁具的地面阴影利用重一度的冷灰色马克笔（CG4）表现，接着用淡淡黄色点缀地面受光之后所产生的光源色。

（4）刻画洁具、玻璃门以及墙面马赛克等细节。

玻璃与镜面用my colour156号斜向摆笔表现。

在竖向块面中运用横向摆笔来体现镜面反射。

墙面马赛克先用淡红色马克笔（touch7号）平涂，再用97号马克笔点缀细节，体现出块面之间的关系。

浴巾等物体用艳丽的颜色进行点缀刻画。

（5）深入局部，调整画面的整体效果。

6.2 办公空间着色

6.2.1 办公空间着色表现一

（1）用签字笔从天花板造型开始画起，注意结构转折和空间透视。

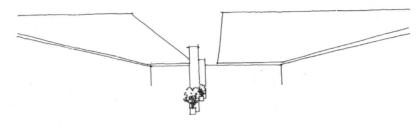

（2）将左半部分空间的办公桌椅画出。

画的时候从近往远推，近处处理应细致，远处处理应概括。

（3）画出空间右半部分的办公桌椅，空间层次仍是近处桌椅细致，远处桌椅概括，并要注意整体的透视关系。

（4）用规整的线条画出天花板及地面的材质，透视关系要严格把握。

（5）进一步深入表现空间的层次关系，将办公椅材质细节表达清晰，同时画出空间阴影和地面反射效果。

（6）用凡迪马克笔（101号、202号）和淡黄色、棕色彩铅画出天花板的基本颜色。

颜色要注意"近亮远暗"，这样才能将空间的进深感体现出来。

（7）用棕色彩色铅笔结合凡迪马克笔（65号）画出墙面的基本色，窗户部分用凡迪马克笔（202号）刻画。

（8）用凡迪马克笔（102号、104号、107号）结合土黄色彩铅画出办公家具。

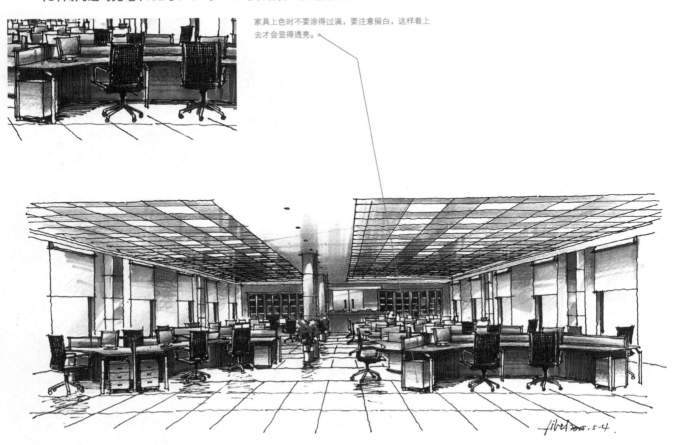

家具上色时不要涂得过满，要注意留白，这样看上去才会显得透亮。

（9）用褐色彩铅配合凡迪马克笔（102号）画出地面抛光砖的反射效果，同样要注意"近亮远暗"。

6.2.2 办公空间着色表现二

（1）画出办公空间的线稿图。

（2）这张效果图以冷色调为主，所以先用深蓝色彩铅概括出空间的整体色调，然后用土黄色彩铅刻画局部的材质。

地毯用彩铅表现。

（3）用马克笔分别画出空间天花板、墙面和地面的颜色效果。

左边钢架部分利用重灰色马克笔（CG9）平涂，中间留白的部分代表白炽灯的效果。

天花板部分用冷灰色马克笔（CG4）画出其暗部效果。要注意的是，体现出空间远近的方法是将近处留亮，远处压重，这样其层次就会显得明确。

黄色墙面部分用touch104马克笔画出材质效果，同时要注意过渡层次，受光的部位要注意留白。

点射光源笔法示意图

地毯在深蓝色彩铅的基础上用淡蓝色马克笔（my colour156）快速扫笔，以便体现其过渡效果。

右侧窗户玻璃采用深蓝色彩铅结合my colour156号马克笔叠加处理。

（4）深入刻画空间的层次。

天花板利用暖灰色马克笔（WG3）加重，以体现丰富的冷暖关系。

黄色墙面部分用touch102号马克笔加重暗部，强化明暗转折。

办公桌椅部分用暖灰色马克笔（WG2）体现其固有色，深色椅子用touch104画出。

地毯部位用冷灰色马克笔（CG6）加重阴影效果，然后用深蓝色彩铅画出地毯肌理效果，笔触要奔放些。

（5）深入刻画办公家具，使画面完整统一。

用修正液点缀空间的高光部分和筒灯。

计算机屏幕用touch76和62号马克笔叠加刻画。

家具白色部分的层次利用WG3和WG5叠加处理。

6.2.3 会议室着色表现一

（1）绘制出会议室空间的线稿图。

（2）该场景主要用彩色铅笔进行刻画。利用棕红色、淡绿色、淡黄色、褐色和淡蓝色彩色铅笔刻画出空间物体的基本色，笔触大部分是斜向排线。

彩色铅笔的优点是可以多层叠加，产生丰富的色彩。

（3）通过颜色的反复叠加，加深空间的暗面，亮面仍保持留白。

（4）最后利用马克笔将空间的部分暗面进行整合。

彩铅的优点是可以画得细腻，但缺点是耗费时间过长，在光滑的纸面上也不容易画深，因此往往需要结合马克笔来上色。如果选择彩色铅笔来上色，则可用马克笔辅助画暗部。

6.2.4 会议室着色表现二

（1）绘制出会议室的空间线稿，并简单地表现出明暗关系。

（2）画出空间的整体色调。

空间中的大面积玻璃、天花板以及正面的墙面都用my colour156号马克笔整齐平铺。

墙面灯光笔触的画法。

左侧的文件柜用touch104号马克笔刻画。

墙面玻璃用摆笔技法表现。

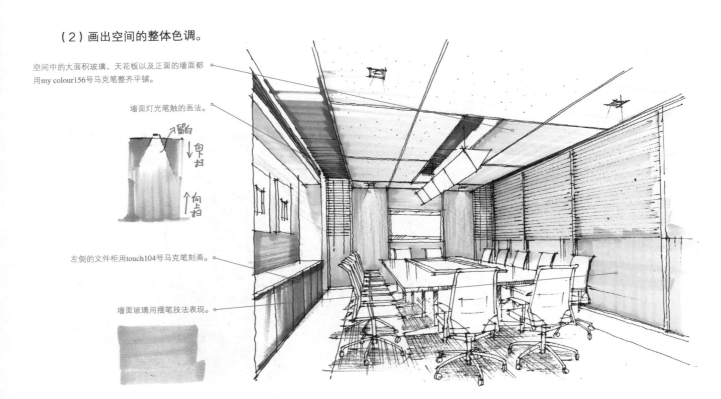

（3）画出墙面和天花板的层次关系。

天花板部分属于大面积反射材质，因此受周围环境影响，整体也偏向蓝色，除了画出它的环境色之外，还要用冷灰色马克笔（CG2）竖向排笔，体现其反射效果。

天花板笔触示意图：先用156号马克笔打底，然后用CG3号马克笔竖向摆笔画出反射效果，接着用WG5号马克笔点出穿孔板的材质效果。

黑色天花板部分先用马克笔摆笔，再加入黑色彩铅过渡效果。

左侧文件柜利用暖灰色马克笔（WG3）横向扫线，以体现文件柜的反射效果。

墙面的层次用冷灰色马克笔（CG2）画出光晕效果，然后用CG6画出落地窗窗框的颜色。

中心天花板两侧的重色部分利用黑色彩铅和CG9马克笔刻画。

筒灯部分利用淡黄色彩铅淡淡平涂。

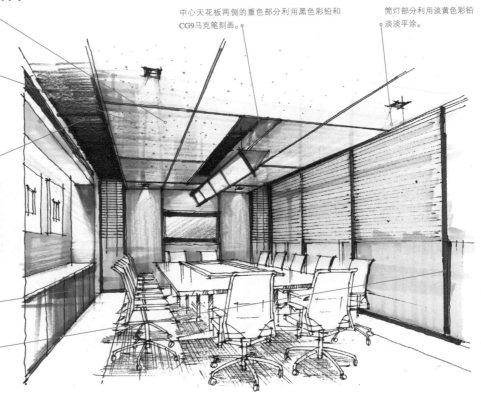

（4）刻画会议室的主体部分。

可用冷灰色和暖灰色结合概括大落地窗外面周围的环境形态。

会议桌用土黄彩铅和touch104号马克笔竖向摆笔，以体现其反射效果。

办公椅用冷灰色马克笔（CG4、CG6）叠加刻画。

地毯部分利用my colour152号马克笔和CG4、CG6号马克笔叠加处理，注意笔触要灵活，不可画得太死板。

（5）深入刻画空间的局部效果。

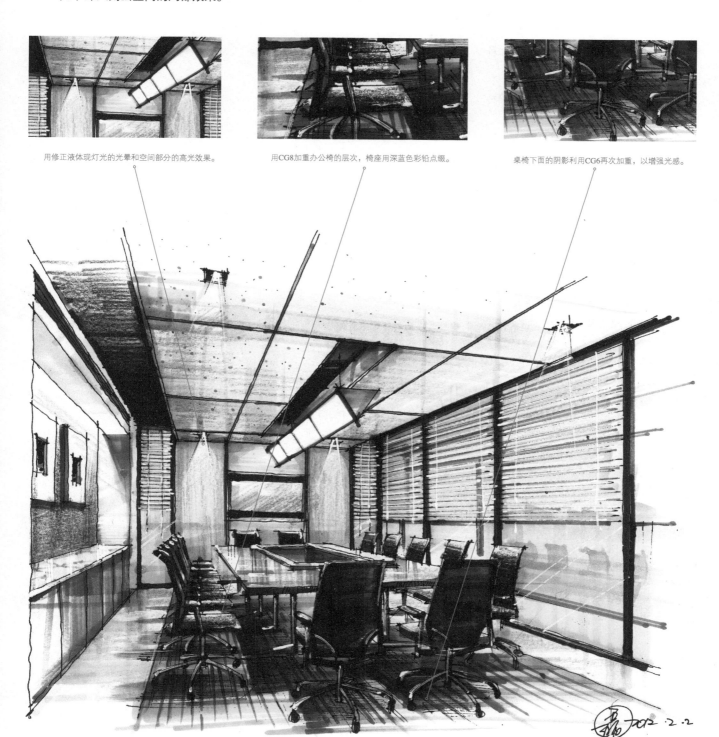

用修正液体现灯光的光晕和空间部分的高光效果。

用CG8加重办公椅的层次，椅座用深蓝色彩铅点缀。

桌椅下面的阴影利用CG6再次加重，以增强光感。

6.3 商业空间着色

6.3.1 展示空间着色表现

该空间是一个汽车展厅，颜色以灯光色为主，色调为黑白色调。

（1）用签字笔画出空间弧线部分的造型。

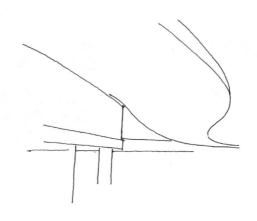

（2）将空间向远处进行推移，注意柱体的位置和空间造型的处理。

通常对于复杂空间的造型，首先需要强调物体的外轮廓，由外向内深入刻画。

（3）刻画空间造型细节，以及车辆的外轮廓，用线要沉稳。

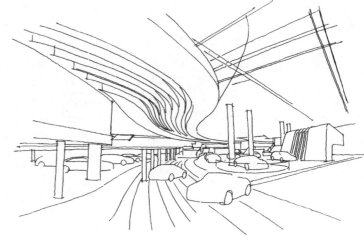

（4）刻画车辆的细节，空间局部稍加明暗，线稿完成。

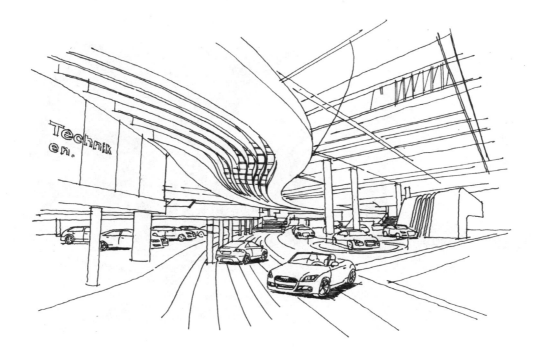

（5）用凡迪马克笔（80号）刻画白色弧形吊顶，然后用117号刻画黑色天花板，地面色彩用102号横向排笔表现。

（6）用202号凡迪马克笔刻画地面材质的反射效果，用黑色马克笔画出空间的最暗部位。

（7）大部分车辆采用灰色凡迪马克笔刻画，局部的车辆点缀用纯色刻画，整体空间颜色清新淡雅。

如果整幅画面全部都是黑白，则会显得过于
单调，因此加入一点纯色也是必要的。

6.3.2 套房空间着色表现

　　该空间采用的是快速表达的手法，因此上色看上去并不是很深入，重在体现空间的一种整体氛围。空间色调为深灰色调，大面积采用灰色马克笔处理。

　　（1）绘制出套房的空间线稿，并简单地表现出明暗关系。

　　（2）用101号凡迪马克笔刻画空间中较浅物体的基本色，亮面留白，从灰面入手。

（3）用104号和115号凡迪马克笔刻画较深物体的基本色，加强明暗对比。

（4）用107号和黑色凡迪马克笔刻画最深色物体的基本色。

快速表达不求精细，也不用将材质的质感体现得淋漓尽致，只需要把握好空间的整体色调和灯光氛围便可。

6.3.3 餐厅着色表现一

（1）绘制出餐厅的空间线稿图。

（2）画出天花板及墙面部分的颜色。

天花板白色部分用暖灰色马克笔（WG1）画出，中间造型部位用木色马克笔（touch95号）画出，灯带部分用淡黄色彩铅平涂。

白色墙面部分用冷灰色马克笔（CG2）摆笔平铺，目的是和天花板有冷暖色的区分。

木色墙面先用touch95号打底，再用touch92号叠加层次。

墙面木饰面笔法示意图1　　墙面木饰面笔法示意图2　　墙面木饰面笔法示意图3

（3）深入刻画墙面颜色效果。

石材墙面纹理笔法示意图

受灯光影响，墙面白色部分用土黄色彩铅淡淡平铺，以体现光源色效果，再用CG4画出墙面纹理效果。

正面隔断的部分用95号和92号马克笔叠加处理，中间部位用土黄色彩铅和104号马克笔概括处理，笔触为斜向扫笔。

远处空间墙面用98号马克笔压重，中间的屏风用一些较艳丽的颜色点缀，以活跃空间气氛。

（4）刻画空间的主体部位。

地面阴影部分利用土黄色彩铅和棕色彩铅叠加刻画，笔触要相对灵活奔放些。

餐椅部分用WG1和土黄色彩铅叠加处理。

右侧窗帘用暖灰色马克笔（WG5）进行扫笔表现。

近处的绿植先用touch43号马克笔打底，要注意笔触按照叶片的走向刻画，之后再利用52号马克笔叠加作为层次处理。

玻璃部分用156号马克笔斜向摆笔，注意留白。

（5）深入刻画空间局部，使画面更加完整统一。

餐桌部分的暗部用暖灰色马克笔（WG3和WG5）相互叠加，桌面留白，以丰富其明暗层次；中间转盘部分用my colour152号马克笔快速扫笔，并用修正液体现高光部分；中间的花卉利用较艳丽的色彩点缀。

餐椅的暗部用WG3加重体现，椅子扶手和椅腿部位用98号马克笔加重体现。

地毯部分利用棕色和土黄色彩铅继续叠加，体现出明显的肌理效果，然后用WG5加重阴影效果。

6.3.4 餐厅着色表现二

（1）绘制出餐厅的空间线稿，并简单地表现出明暗关系。

（2）利用马克笔定位空间的基本色调。

天花板的白色利用扫笔笔触体现光线的衰减变化，暗藏灯要弱化，用淡黄色稍作修饰即可。

墙面虽为深棕色，但由于处在受光面，因此上色时不要选用过重的木色，同时还要注意留白。

远处大落地窗的窗根并没有在线稿中绘制出来，这是为了将它做虚化处理，在这一步利用暖灰色马克笔（WG2）体现出来。

（3）画出餐桌桌椅及地面的固有色。

地面的处理要注意其反射变化。

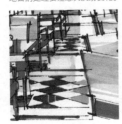

除了亮面稍作区分之外，暗面和灰面用相同的颜色先平涂，在这一步不做过多的层次变化。

（4）加入暗色，做出空间明暗层次变化。

空间墙面的转折关系要明确，体现远处暗、近处亮的层次关系。

餐桌桌椅的明暗层次也要刻画出来，主要体现在区分两个立面上，亮面还是保持底色的明度。

（5）深入调整画面，使效果更完整。

天花板受大量光照影响，始终处于留白的效果。

墙面玻璃利用摆笔体现空间反射效果，笔触边线要虚化，注意留白。

墙面的层次感要更细腻深入，并体现略有反射的材质效果，墙砖缝隙处用高光笔点缀出来。

利用小笔触刻画餐桌桌椅的形体细节，体现丰富的明暗变化。

近处的桌椅明暗层次对比强，远处对比弱，利用这种方式来体现空间关系。

6.3.5 会所空间着色表现

（1）画出会所的空间线稿。

这张表现图属于暗色调，主要强调局部灯
光照射的效果，因此天花板、墙面、地面
的处理较重，以体现会所的氛围。

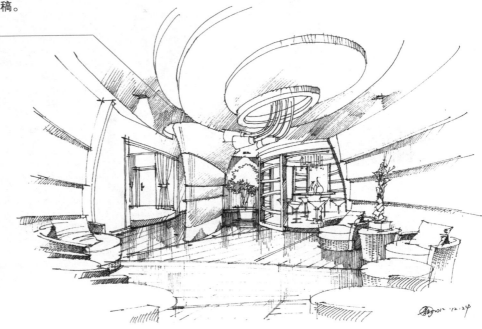

（2）使用马克笔运用大
笔触画出天花板的颜色效果。

用WG3和WG5叠加排笔画出空间天花板的
效果，要注意筒灯受光的位置相对较浅，
同时要分清天花板造型的明暗转折。

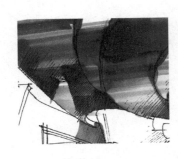

（3）画出墙面和地面的颜色。

墙面的颜色用暖灰色（WG3）整齐排笔。

地板纹理横向摆笔之后，再用竖摆笔体现地板反射效果。

地面的颜色利用touch91号马克笔按照地板纹理的走向摆笔。

（4）刻画墙面和地面材质的细节。

墙面利用WG3再次叠加层次效果，然后用WG5画出墙面阴影效果。

远处圆形空间是以强光为主，因此其层次感可相对较弱，只用WG2概括地点缀即可，局部颜色用土黄色彩铅刻画。

地面用91号再次叠加笔触，体现层次感，然后用92号和98号马克笔画出反射效果。

（5）画出近处家具的固有色。

用43号马克笔画出远处植物的颜色。

用冷灰色（CG4）按照家具的形态进行摆笔，沙发座部分利用土黄色排线。

（6）深入局部，调整整体，使画面达到完整的效果。

6.3.6 酒店大厅着色表现

（1）画出酒店大厅的线稿图。

（2）用彩铅画出空间的整体
色调。

这个空间的色调属于暖色调，因此大面积地采用土黄色
和淡黄色彩铅体现其光效和材质的固有色。

（3）进一步刻画空间的层次感。

大面积墙砖的颜色采用
偏灰的暖色处理。天花
板部分利用褐色彩铅加
强层次效果。

墙面的窗格用touch92号马克笔画出其固有色，笔触走
向按照其装饰线条的方向进行排笔。

水晶灯部位利用淡黄色彩铅点缀即可，注意大面积留白。

（4）处理空间局部的颜色效果，利用笔触塑造形体。

（5）深入刻画空间局部造型，调整画面的整体效果，达到完整统一。

地面部分利用土黄色彩铅横向排线，以体现反射效果，然后用暖灰色马克笔（WG2、WG3）加强层次效果。

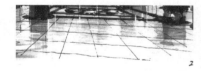

近处桌子的暗部用98号马克笔平铺，桌面用95号马克笔竖向摆笔，留白处代表反射效果。

6.4 室内空间马克笔作品展示

通过前面的步骤讲解,我们已经了解了马克笔着色的基本要领。下面列举了部分优秀的空间实例作品供大家临摹,希望大家认真练习并做到熟能生巧。

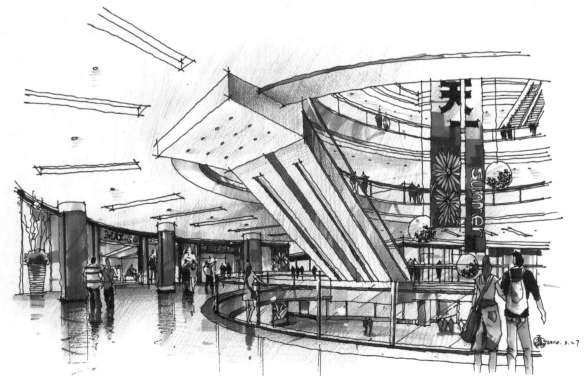

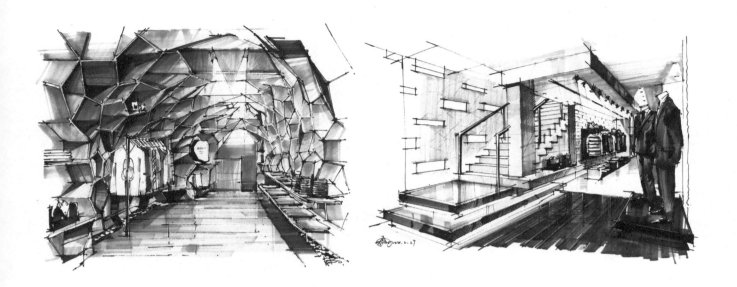

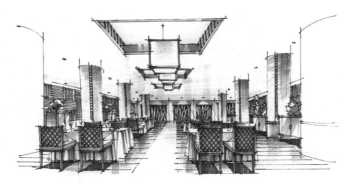

第 7 章

室内空间快速草图表现

- 设计草图的本质
- 快速草图表达的注意事项
- 不同工具的表现形式
- 快速草图作品展示

7.1 设计草图的本质

7.1.1 草图的作用

　　快速草图是设计师在工作中将设计理念和设计过程快速直接地反映在图纸上的一种表达方式，其特点是绘制简洁，没有过多的细节体现，重在对整体空间概括的表达，最突出的特点就是"快"，常用在一个项目的设计初期至中期阶段。掌握快速草图的表现是设计师必须具备的一种技能，同时也是当今设计界的一种潮流。本章把快速草图表现单独提出来作为重点讲解，目的是引起大家的重视。下面我们开始详细地进行介绍。

　　快速草图表现有以下3个作用。

● 设计思维的表达

　　在设计初期，设计师往往会呈现出一些模糊的想法，这些想法都是发散式或者是一闪即逝的，单纯凭借大脑记录是不实际的，因此快速草图就显现出了它的功能，通过手与脑的相互配合，快速地去捕捉那些一闪即逝的灵感，并沿着灵感轨迹一直发展下去，为设计寻求更多的出路。由于是捕捉瞬间思路，而没有想到很深入的细节，因此大多效果都是概念表现，甚至有的造型轮廓也不是十分明确，其目的在于表现大体的设计内容和气氛，有一个整体的空间概念，然后再根据这个整体进行推敲。在这一阶段中，完全可以不受任何工具的限制进行绘制。

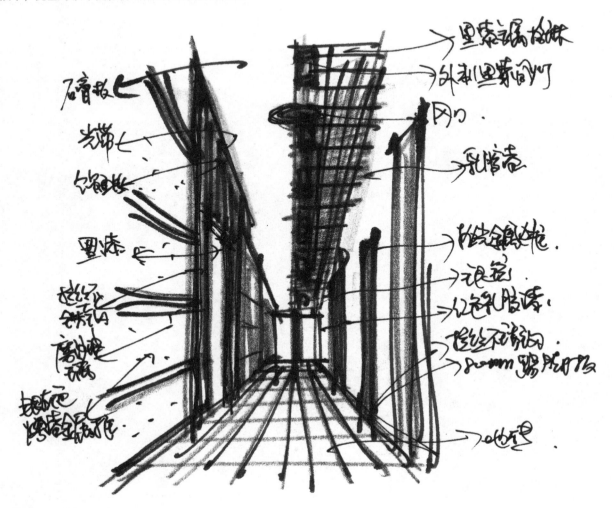

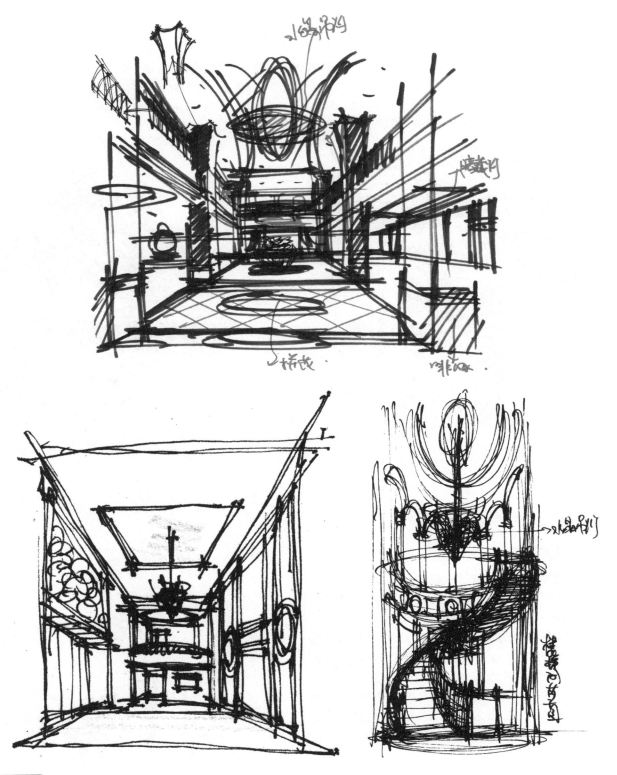

这种看似杂乱无章的线条，实际上是设计者脑海中突然想到的一个思路，这种思路未必是最终的设计成果，并且它有许多不确定性。通过这种记录，设计者可以在此基础上进行设计的深化，使其进一步得到完善。

● 设计信息的记录

除了把快速草图用于设计表达之外，还可以用它来进行信息记录。当我们看到自己喜欢的设计时，就可以用手中的纸笔把它快速地记录下来当做信息资料，大家不要小看这点，它对我们提高手绘表达能力和设计能力有很大的帮助。我们记录的内容越多，印在脑子里的想法就会越多，通过整合，把它变成自己的理念，这样可以为日后的设计打下坚实的基础。

记录信息的时候，当然也不一定要画得面面俱到，如我们可以选择把一些重点的设计内容迅速画下来，或者将其转化成某种符号来表达，表达形式不受局限，重在理解设计思路。

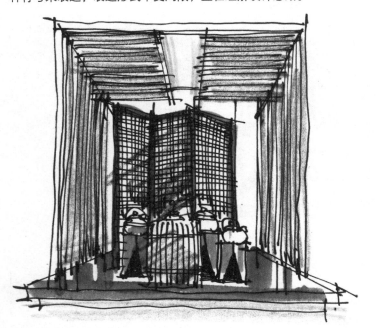

● TIPS ●

这张草图主要是为了记录沙盘展示区以及天花板灯箱的造型。技法运用很随意，主要强调其材质颜色以及灯光的位置，其余部位画得非常概括，甚至于完全省略。

● 设计方案的交流

在与甲方或者施工方进行设计方案的交流时，我们不能单凭口述来进行，那样是一种没有图形概念的交流，而计算机效果图由于自身的特点也不能在短暂的时间内绘制出来，一旦需要修改，还要花费大量的时间重新渲染，降低了效率。此时，快速表达能够弥补以上几点的不足。在方案还没有完全确定且有待深入推敲的时候，我们可以凭借我们的功底，跟甲方一边口述一边描绘我们的想法，使甲方能更直观地看到未来设计的效果，节省了时间，提高了效率。另外，清晰的快速草图表达也可以指导绘图者进行深入的效果图制作，为最后的成品表现图奠定了基础。

● TIPS ●

这种先以手绘的形式设计成的空间平面和透视草图，可以起到和客户随时沟通的作用，同时也为后期的计算机效果图制作奠定了基础。

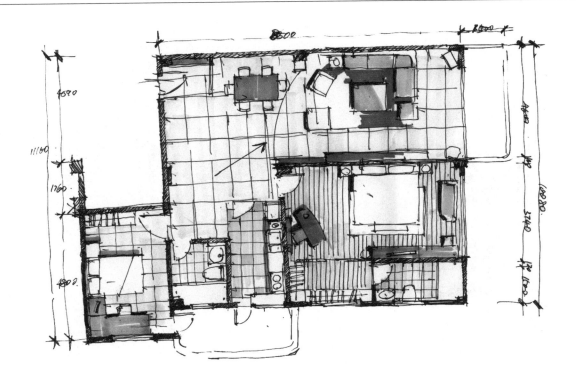

7.1.2 不同阶段的草图表现形式

　　设计是以草图的方式开始，但并不意味着草图只停留在设计初期，相反而言，草图可以贯穿整个设计过程。在科学而规范的设计过程中，以手绘方式为主导的草图起到了不可忽视的作用。为了更好地体现手绘草图在设计中的作用，我们围绕设计的全过程将草图分为3个基本阶段。

● **初级阶段**

　　在前期进行调查与分析的基础上，设计者开始着手草图阶段的思考，以及概念性方案的创意阶段。不管是室内设计还是景观设计，最初的想法和思路都是完全模糊的，这就需要通过手绘草图将所有的思维活动随意地记录在方案图纸上，记录的图形也许连自己都看不清，也许就是草草几笔的样子。这一阶段的记录基本是从整体的空间结构关系和重要的空间区域入手，以解决主要问题、主要矛盾为核心，确定主要的设计理念、风格和定向，从宏观的角度把握各部分的关系。这一阶段的表现手法重在强调推理过程，而忽略图面本身表现的好坏的效果。

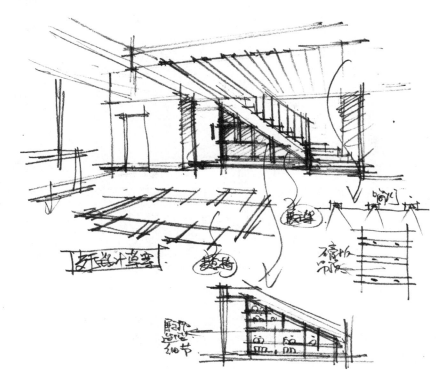

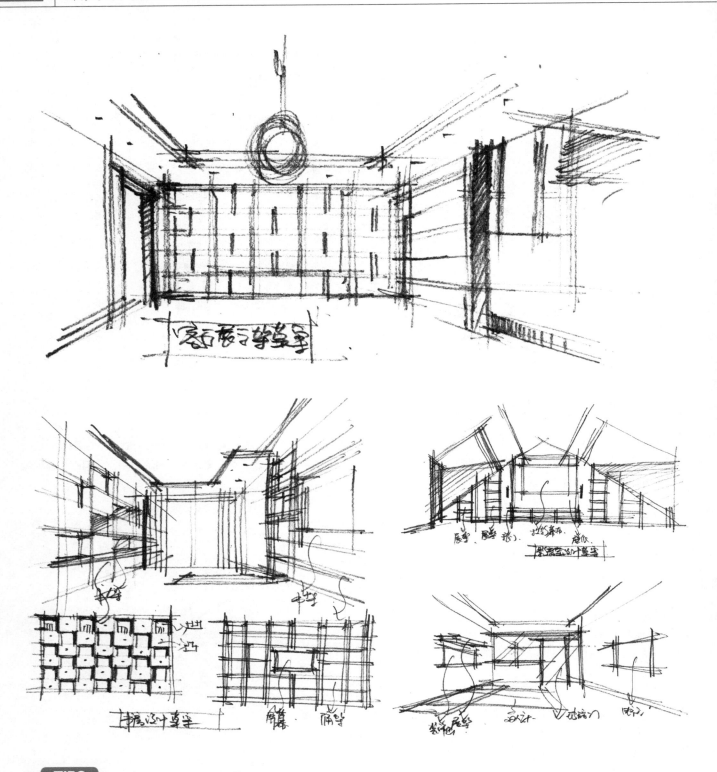

　　将现场勘测图与原始建筑图进行核实后，就可以利用草图进行方案构思了，这一阶段的草图非常随意，可以是潦草的功能布局稿，也可以借助符号来表达一些概念性的想法，但不要过多地描绘细节，只需要把基本的功能分区、空间造型概括地表达出来即可，基本的尺度也不要有太大的出入。

● **调整阶段**

　　通过和甲方进行研究与交流，方案思路会越来越明确，布局也会越来越清晰。草图方案逐渐走向明确阶段，图形经过覆盖或整理，形成较为清新的草图，这种类型的草图体块相对明确，也可及时与相关人员进行交流和讨论，为绘制后期的成品效果图打下良好的基础。

　　这一阶段要在图面上展现设计师的手绘实力，准确而又概括地描绘各个空间的空间尺度和重点设计部位，不能随意夸张画面。另外也可以把收集到的家具、陈设等元素用草图概念性地整理出来，进行优化整合，这样才能进入下一步的深化阶段。

● 深化阶段

　　这一阶段的效果图表达内容是调整阶段的延续和深入，主要是为了突出细节，最终形成整体与细节并存的成熟的设计方案。在深化阶段，我们可以直接运用计算机进行效果图绘制，也可以继续运用手绘进行绘制。如运用手绘时，就要结合我们前面所学习到的绘制方法进行细节描绘，突出图面效果。

◖ TIPS ◗

　　深化阶段的草图没有特定的要求，可以直接进行计算机图绘制，也可以画成精细的手绘效果图，这要看具体的项目要求。总之，这一阶段一定要做到整体与细节刻画完整，尤其是要重点刻画空间在光照环境下的质感变化，不求面面俱到，尽力突出表现的重点。

　　通过以上分析我们可以看出，设计草图可以起到交流作用，它是将设计由模糊逐步引向清晰的过程，它是设计师与甲方乃至绘图员之间的沟通平台。因此，我们要更加重视草图的训练，在设计中熟练地运用并达到得心应手的程度。

7.2 不同工具的表现形式

草图表现在工具使用上多种多样，其目的都是为了表达高效的设计成果。我们可以随手拿起身边的任何工具进行草图绘制，在绘制过程中心态应是放松的，而且是充满激情的。激情的涂抹可以帮助我们激发出瞬间的灵感，使我们的设计变得更加完美。

7.2.1 铅笔（自动笔）工具表现

铅笔（自动笔）工具表现快捷，比较适宜做草图效果，其画面效果较绘图笔而言更加富于变化，具有独特的气质效果。因此，我们经常能看到老一辈的设计大师在绘制设计草图时基本都选择铅笔来表达。建议在铅笔的选择上以较软性铅笔为宜，常用的型号有2B、4B和6B等。

从技法特点上讲，铅笔（自动笔）便于修改，起稿时尽可大胆地表述想法，要充分利用与发挥铅笔（自动笔）的性能。铅笔不追求细致，它讲求的是"粗犷"效果，体现这种效果时要注意用笔力度上强调松紧变换，即使是画一根线条，也不能自始至终以均衡的力度一贯而下，而是要注意轻重缓急，富于变化，充分发挥其特点。例如，在绘制一幅效果图时，近处的外轮廓线可以粗犷厚重，远处轮廓宜轻淡，处理重点部位时还可以细致刻画，以体现丰富的阴影关系，强化块面效果；概括的部分线条可放松，少画甚至可以不画。

结合上面所讲，大家可以采用铅笔（自动笔）进行尝试，先感受下铅笔松软的质地，然后再感受一下线条的变化，仔细体会手感，对铅笔（自动笔）有个全新的认识。

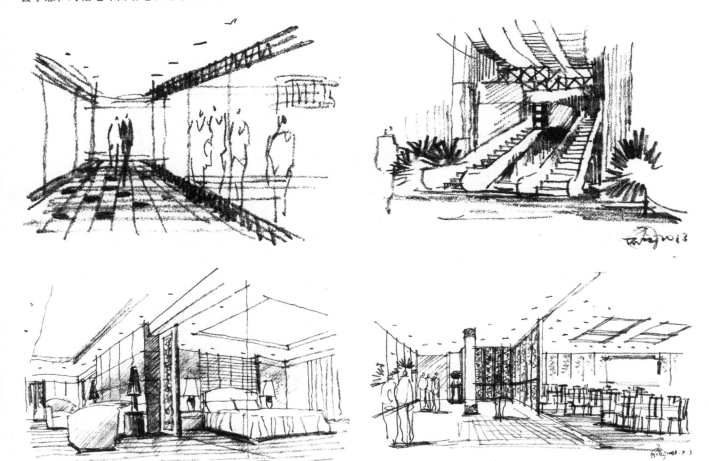

7.2.2 绘图笔（勾线笔）工具表现

绘图笔是目前国内手绘效果图用得最多的表现工具之一，它以绘制速度快和绘制效果简洁见长。

使用绘图笔时要强调用笔的速度，往往采取快速表达的方式，这种表现效果干脆、帅气、富于动感。使用绘图笔往往追求概括性的表达，它对培养设计师形象思维与记忆，锻炼手、眼、脑同步反映，表达创作构思和提高艺术修养等均有很好的作用。

从技法特点上讲，绘图笔主要是以线条的不同表现方式来体现对象的造型，因此，线条的讲求及线条的组合与画面关系是绘图笔技法的核心内容。由于绘图笔画线难以修改，因此要先安排好画面的各个部分，做到下笔时胸有成竹。

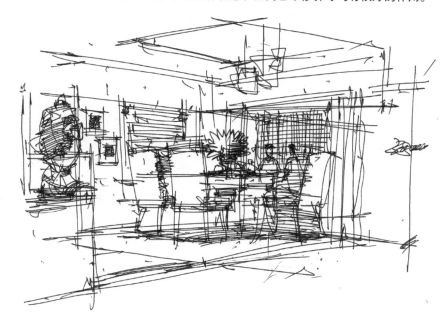

同时，绘图笔草图的表现对象往往是烦琐的、杂乱无章的，因此我们要理性地分析对象，分清图面的主要部位与次要部位，大胆地进行概括，对主要内容进行细致刻画，次要内容进行点缀即可，切勿喧宾夺主。

Rim.

7.2.3 马克笔工具表现

　　一般人认为，马克笔只是用来上色的，是辅助于绘图笔的一种工具。其实不然，任何一种工具都可以用作草图表达，马克笔的笔头有粗有细，且颜色种类较多，同时运用的话能够体现灵活的画面效果。例如，可以利用一只较深色的马克笔，用其细头画出空间的大轮廓，然后再换成粗头画出空间整体的块面效果，远处部位以及空间的次要部位可以选择偏浅色的马克笔概括处理，这种富有深浅变化的画面效果，直观地体现了空间层次。这种方式在绘制草图时可以经常使用。

　　需要注意的是，由于马克笔的自身原因，导致它不能在纸面上做细节刻画，过多的细节处理会导致颜色晕开，含糊不清，这时可以借助绘图笔去针对重点部位做细节刻画，利用线条的表现达到设计预想的画面效果。总之，设计草图不受任何工具的限制，我们应该习惯在持有任何工具的情况下自由地绘制手绘草图。

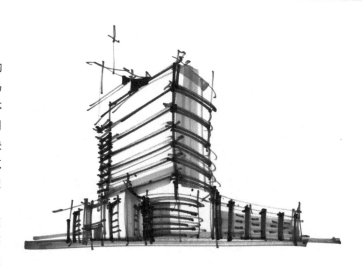

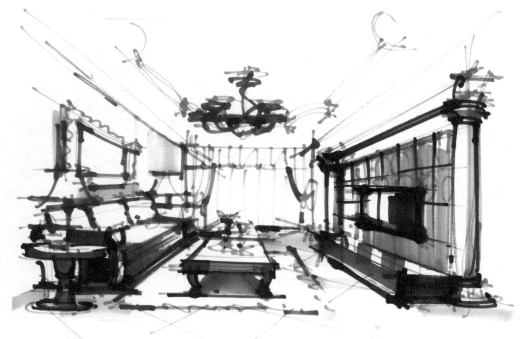

7.2.4 彩色铅笔工具表现

彩色铅笔在表现时，使用方法同铅笔一样易于掌握，它还可以利用颜色叠加产生丰富的色彩变化，具有较强的艺术感染力和表现力。

利用彩色铅笔可以直接在绘图笔线稿上进行着色，着色规律由浅入深，但是在草图的绘制中，还是以表现整体颜色气氛为主，材质的精细度此时就显得不那么重要了。其次要注意，彩铅在给排线上色时不要过轻，过轻会使效果事倍功半，应适当地加大力度，拉开它们之间的明度差别，这样才能展现彩铅应有的特色。

在进行色彩搭配时，彩色铅笔也带有较强的自由性，因此不要过多地顾忌搭配不符合原色，只要整体感是我们想要的颜色就可以了，画的时候一定要大胆。在绘制草图时，我们时常会处理空间的重点部位，这部分的内容可以用较丰富的色彩来体现其效果，次要部位可以一带而过，简单地用颜色概括即可。

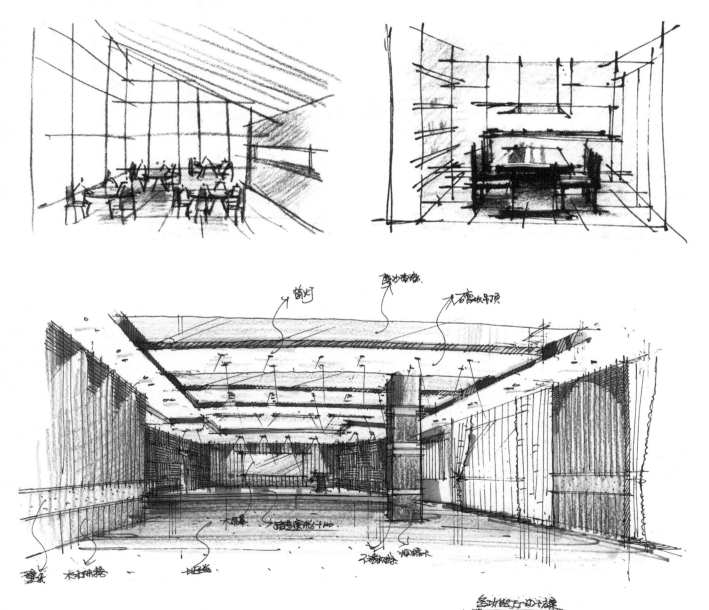

7.3 快速草图表达的注意事项

　　快速草图的画法较随意，并不存在具体的绘制步骤，学生可以通过照片写生和实物写生进行训练，每张大致控制在15~30分钟即可。从表现上讲，室内空间的生成主要是依靠线条表现效果，因此线条的好与坏将决定草图表现力的强与弱。

　　草图的绘制重在一个"草"字，这个"草"并不是指潦草、凌乱，而是指线条灵活多变，内紧外松，抓住空间本质，有感而发。就算画得快，也不是单纯意义上的赶时间。在创作的时候，抓住图面设计的核心部分稍作重点绘制，其余部分进行简要概括即可。根据以上叙述，我们主要归纳以下4点。

第1点： 重点刻画设计所要表达的核心内容，省去不必要的或者不做重点表达的内容。

第2点： 家具部分可以简化处理，甚至可用符号表达，但要合理地安排好彼此之间的位置，目的是烘托重要的设计部分和设计风格。

第3点： 阴影调子不要占据过多的成分，因为较草的画法加入太多调子会显得含糊不清，只要辅助线条衬托出体块关系就可以了。

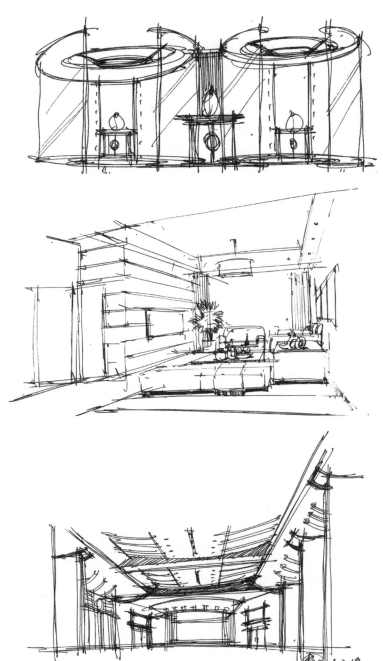

第4点：线稿绘制完成后，可以适当地做些颜色处理，以体现空间气氛，但要注意，颜色不要涂得过于细腻、完整，只需对重点部位做颜色点缀即可。

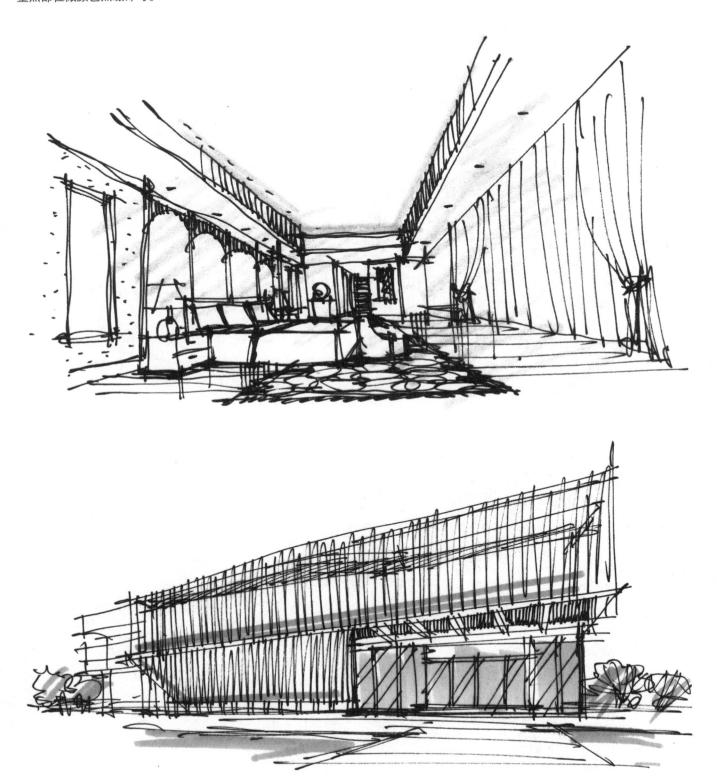

7.4 快速草图作品展示

　　通过前面对室内空间快速草图表现知识的学习，相信大家都已经掌握了快速草图绘制的基本要领。下面列举了部分优秀的室内空间快速草图作品供大家参考临摹，希望大家认真练习并做到熟能生巧。

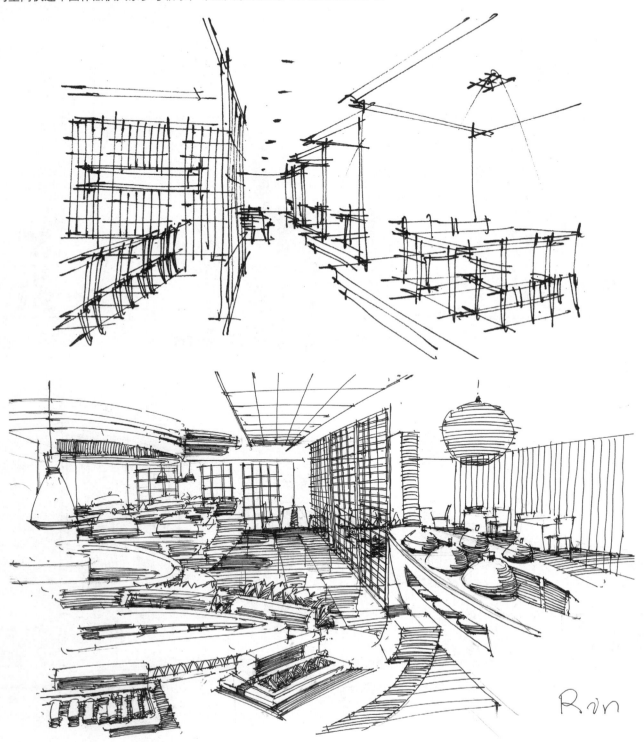

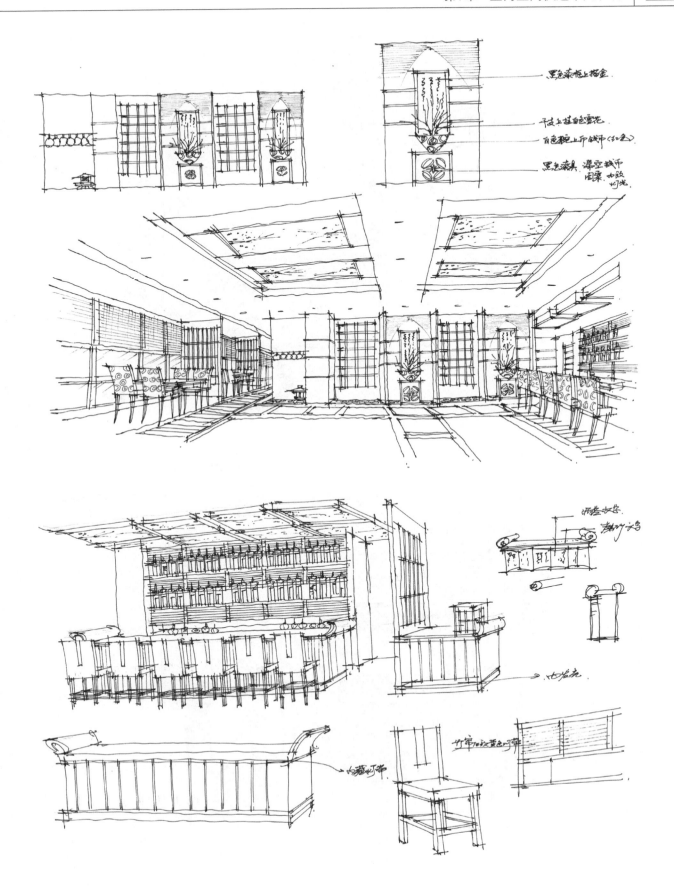

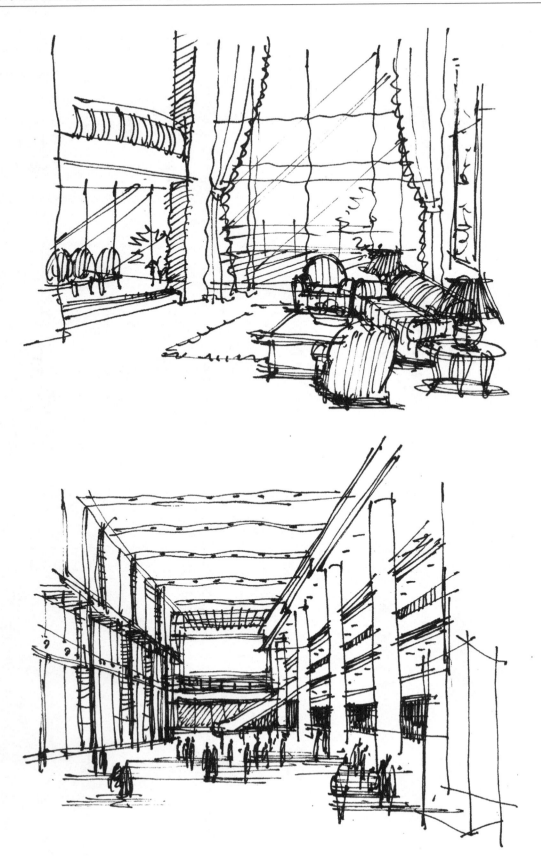

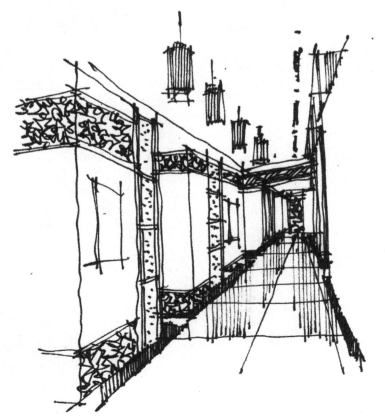

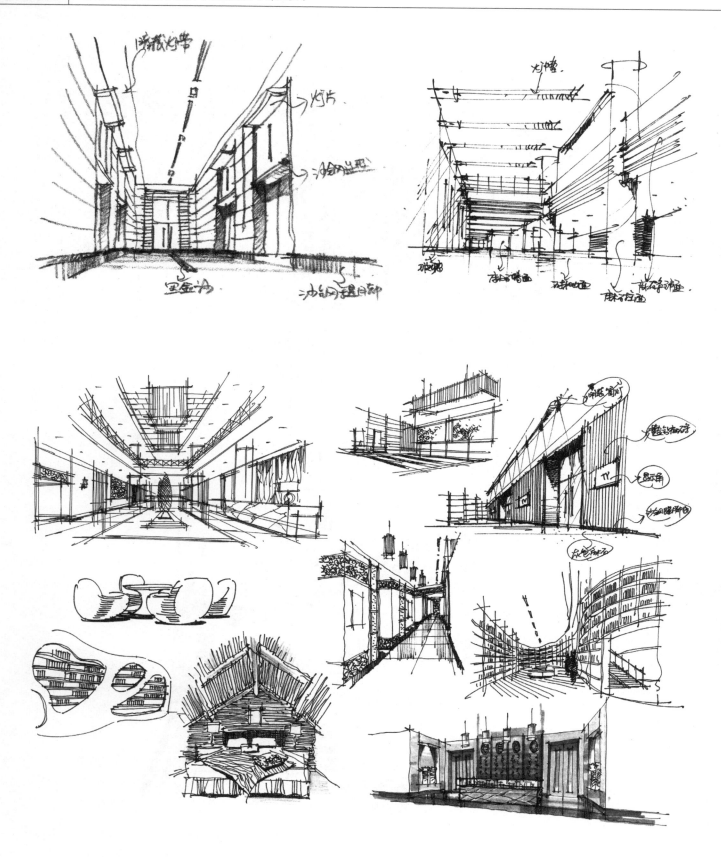

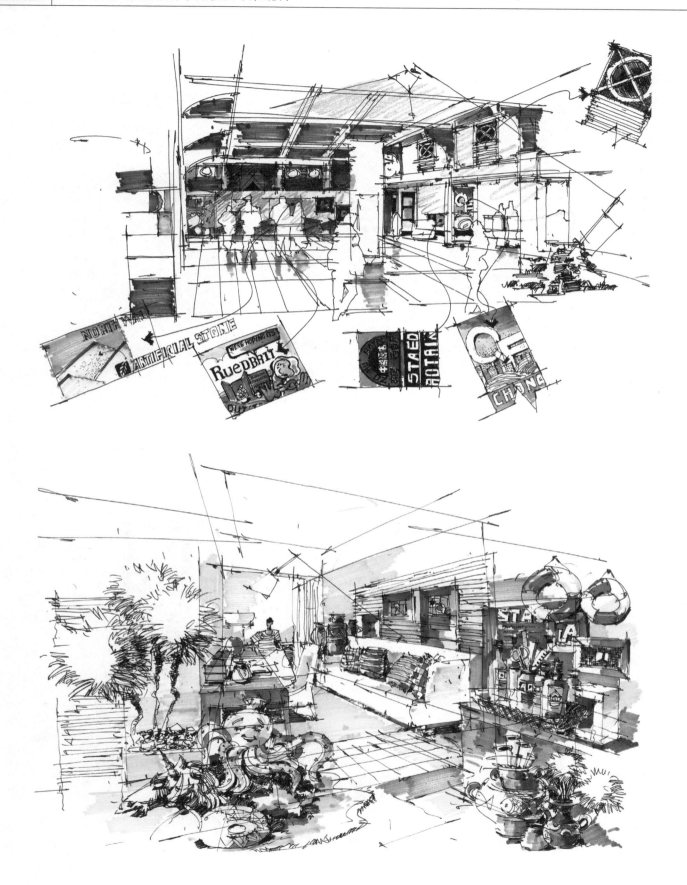

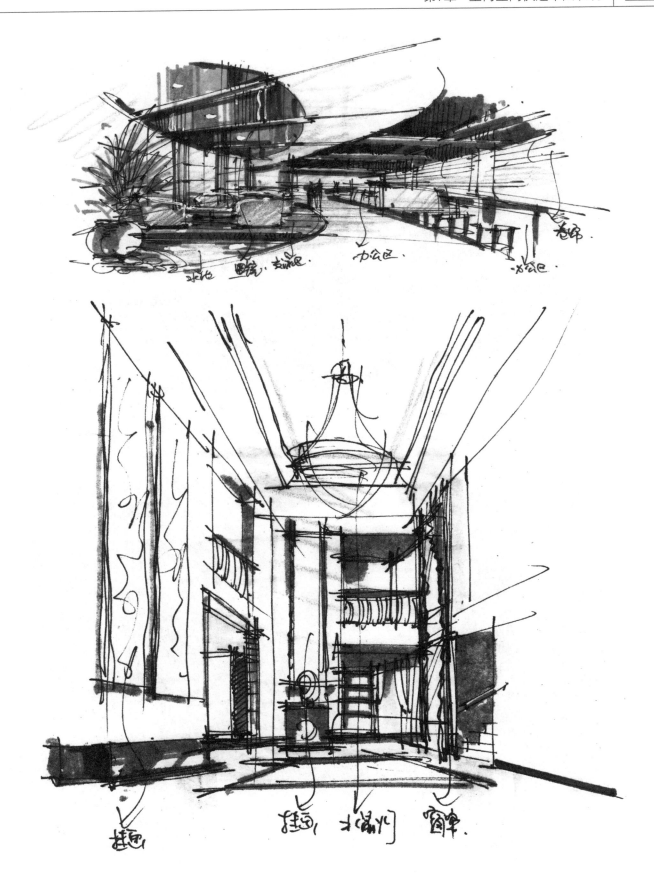

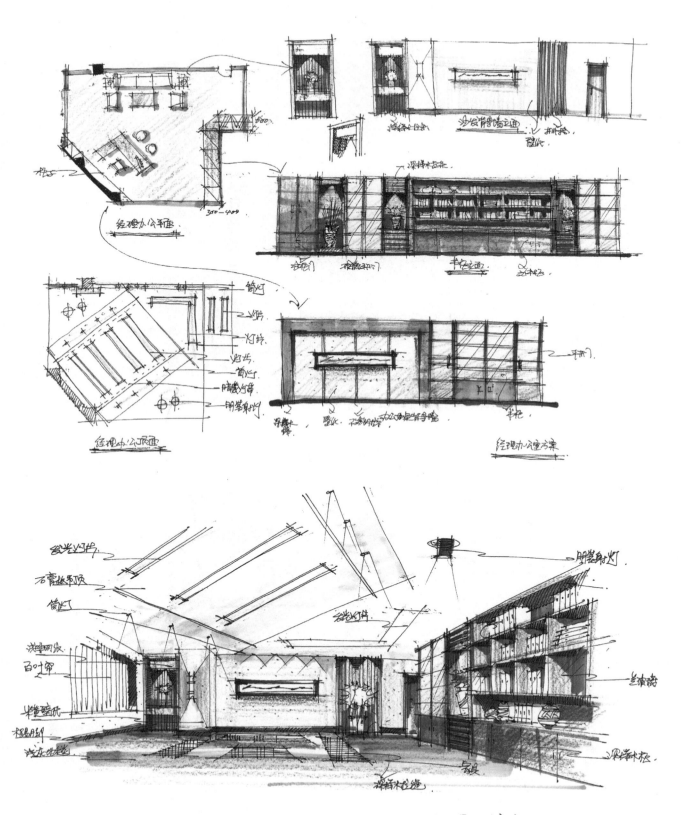

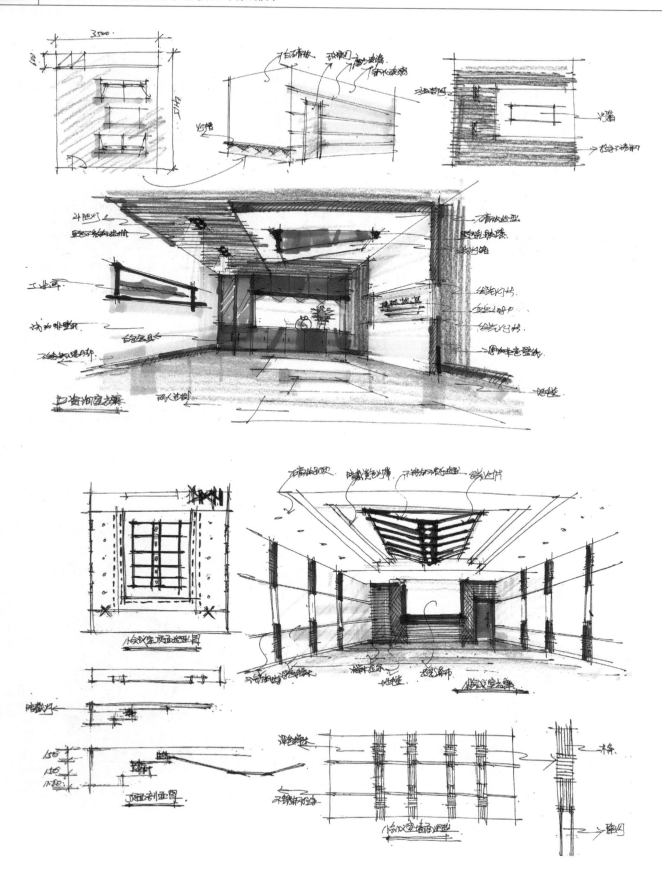

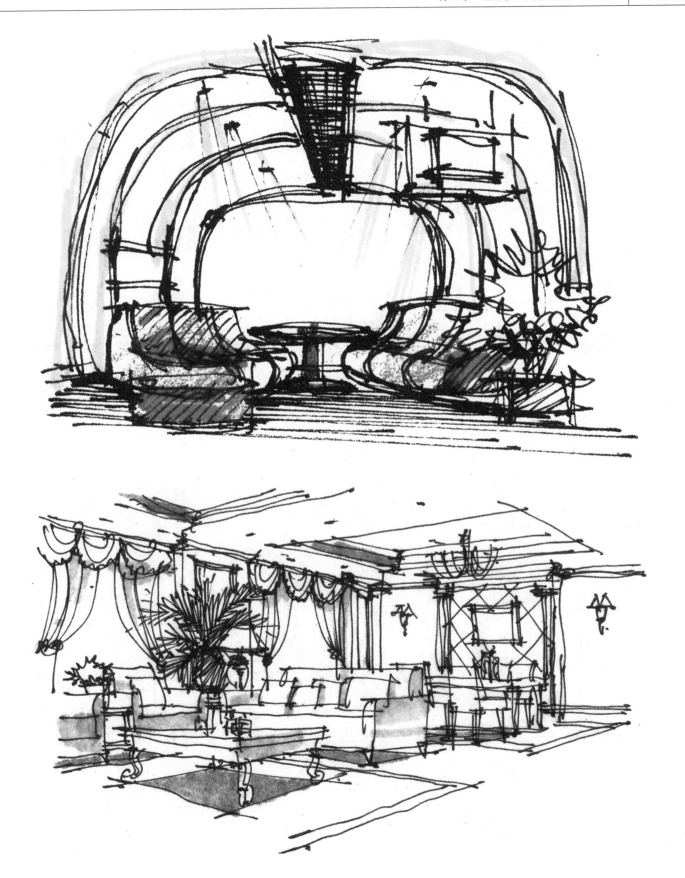

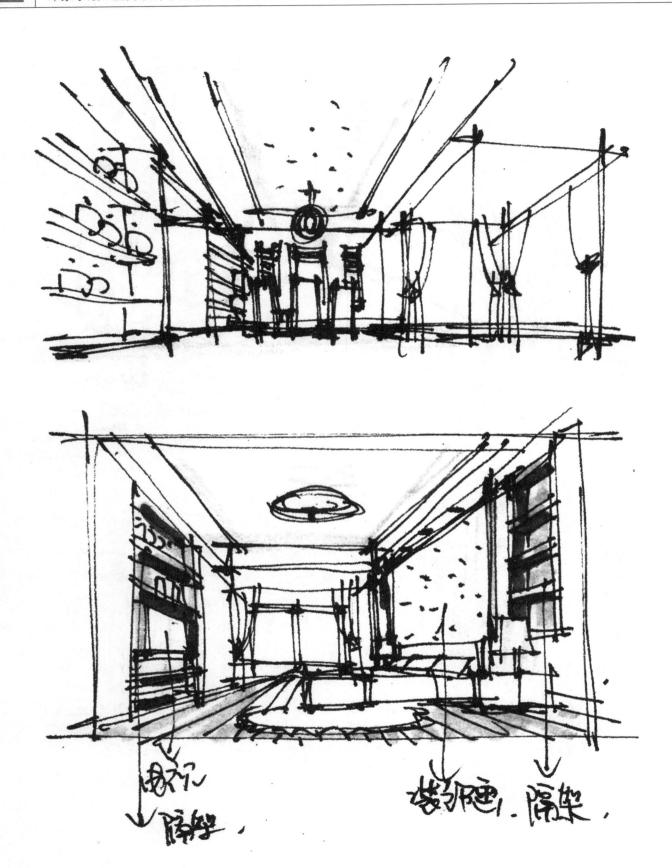

第 **8** 章

室内空间设计综合表现

- 室内平面图讲解
- 室内平面图的表现阶段
- 室内平面图的绘制步骤
- 室内立面图的讲解
- 室内空间平面图向透视图的转换
- 室内设计综合案例展示

8.1 室内平面图讲解

8.1.1 平面图的作用

　　平面图是室内空间设计的重要组成部分，也是设计任务中最先接触到的图纸，它能够清晰地反映出空间布局、功能划分、结构分析和节点等设计要素。同时，在平面图上通过标出适当的线宽区分和添加阴影，空间的竖向（立面）要素也可以清楚地呈现出来。在项目评审中，甲方以及专业的专家也会通过研究平面图从中发现布局问题，从而提出修改方案的意见和建议；设计课的老师在改图的时候一般也会从平面图下手，审视空间布局与形式的关系；而对于应试而言，平面图布局的好坏会直接影响考试分数的高低，而且在图纸上所占的面积也是最大的。因此，我们在对空间整体进行构思的时候，首先应该从平面图去考虑，通过不断地摸索与改进，最终展现出一个较为完整的空间布局。

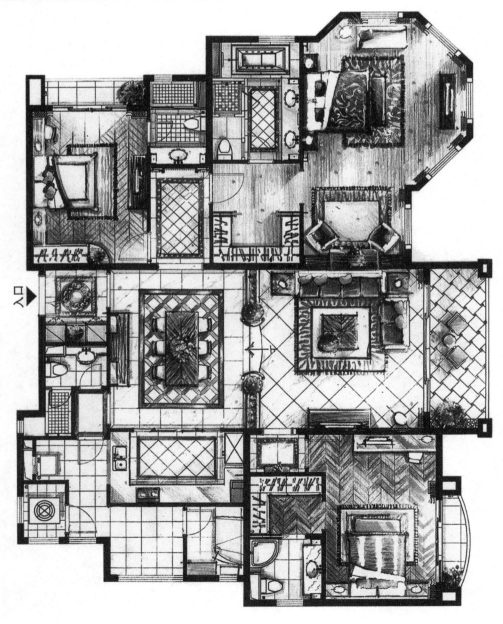

8.1.2 平面图元素的表达方式

平面图上有很多元素表达，如桌椅、沙发、柜体和门窗等，其表达方式具有一定的模式，在绘制中要记住这些模式，便于在设计中灵活运用。

元素所选的图例要美观而简洁，以便于绘制，其形状、线宽、颜色以及明暗关系都应该有合理的安排。在设计与表现过程中，如果采用不当的图示，就会影响整个平面图的设计，导致专业人士的误解，也会影响对图纸的第一印象。其次，所表现的元素要注意形态和尺度准确，但不一定要画得很细致，否则会耗时太多，削弱画面的整体效果。下面为大家列举了室内设计平面图中常用的平面元素，希望大家多加练习，并能够举一反三。

双人床　　　　　　　　　　沙发组合　　　　　　　　　　会议桌

十二人餐桌　　　　　　　　电视柜与电视　　　　　　　　办公桌

四人餐桌　　　　　　　　　面盆　　　　　　　　　　　　坐便器

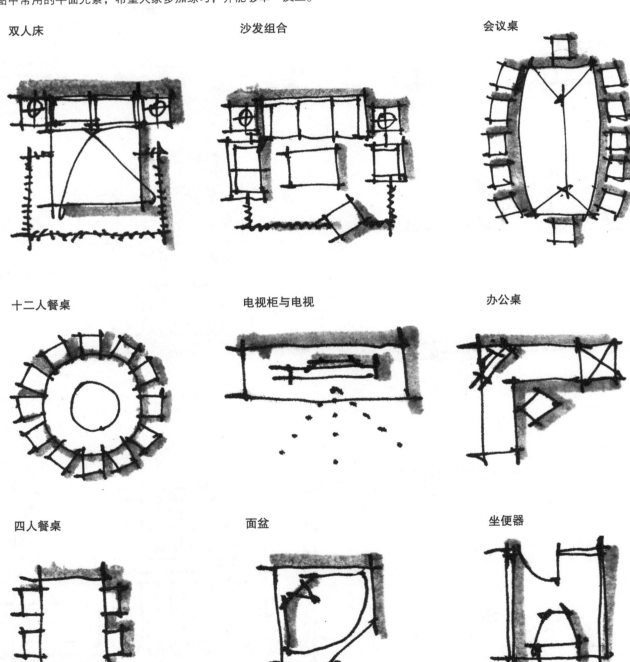

前台

衣柜

浴缸

洗手盆

单开门

双开门

子母门

灶台

推拉门

窗户

楼梯

折叠门

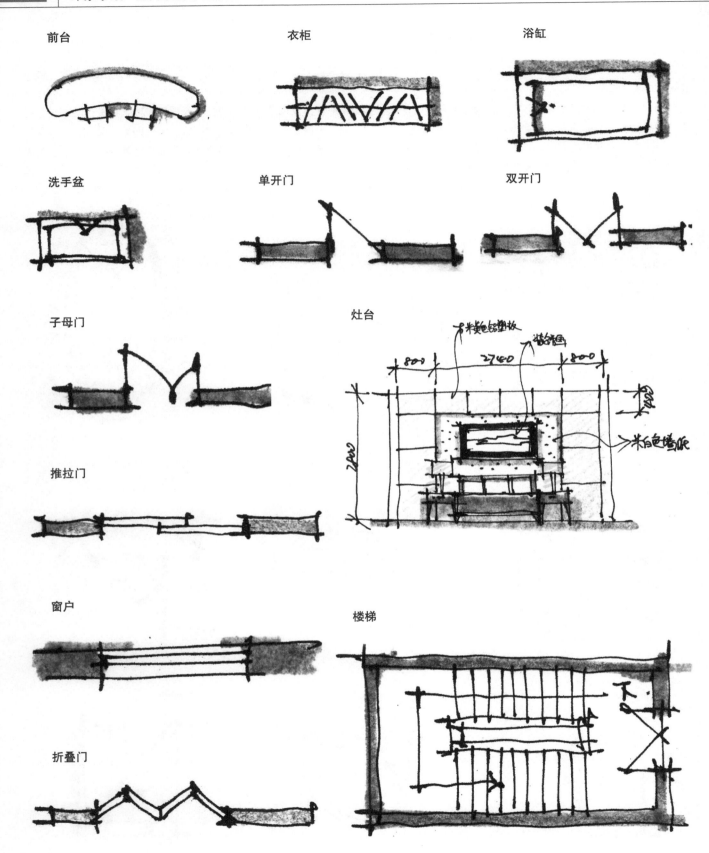

8.1.3 平面图绘制需注意的事项

● **层次要分明，注意立体感**

　　虽然是平面图，但是在绘制时也要注意它的竖向（立面）概念。除了通过线宽、颜色和明暗来区分主次之外，还要注意物体彼此之间的阴影，用其来增加平面图的立体感和层次感。

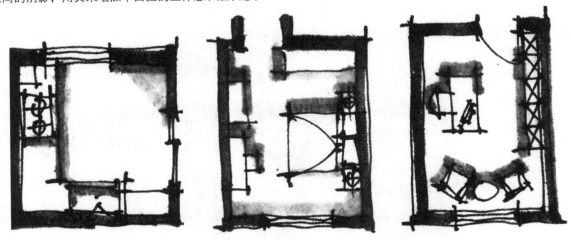

● **把握整体，分清主次**

　　在绘制平面图时，重要空间和元素的表达要相对细致，相对次要的空间和元素可以选择简明的方式绘制，或者用文字直接表达，这样既节约时间，又突出了重点。一般来说，空间总图上除了体现墙体的拆改设计或分隔布局之外，再体现出家具的布局和重点的铺装样式即可，重在体现整体构思，不必在图上详细标出家具样式及空间造型。

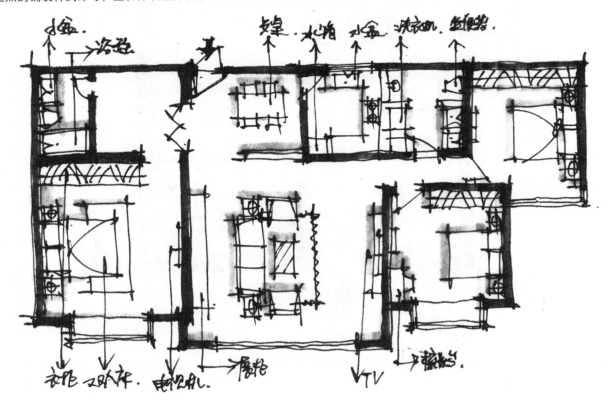

● **适当上色，突出主体与美感**

从颜色上来讲，色彩给人的感觉更加强烈与直接，因此，平面图的色彩搭配也非常重要。在上色时，要注意突出设计的重点部分，强调其固有色及光感，尽可能地省略材质的表达，因为那是透视效果图的工作；次要部分的颜色可以省略，必要的时候添加文字即可。

上色的工具多种多样，一般为了较快速地表现，习惯使用马克笔以及彩色铅笔来体现。上色时一般由浅入深，平涂是最稳妥的方法；有些块面不要全部涂满，可以有些退晕（渐变）和留白；灰度上最浅的一般为地面；空间中重要元素的上色相对来说层次较多，以增加立体感，如主要的家具、柜体等。颜色的把握需要平时多加练习和尝试，方案表达不必非常写实，重在体现空间构思，突出空间氛围。

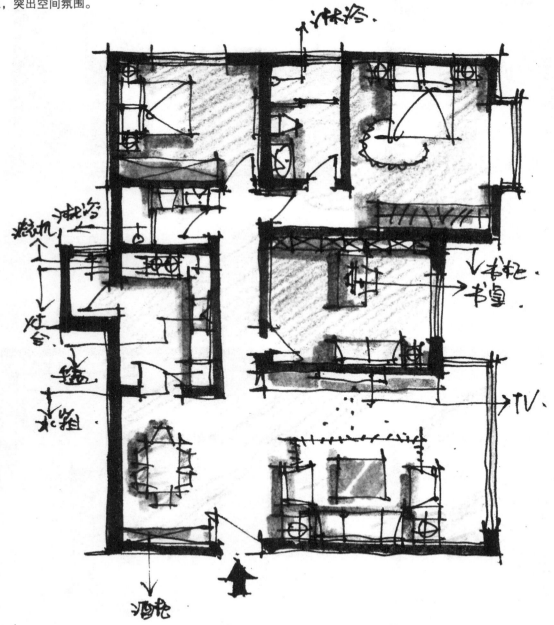

上述几个问题是表现中的基本问题，但这些基本问题可能会对设计过程的顺畅、设计成果的规范性以及甲方对设计图纸的第一印象产生影响，希望引起大家的重视。

8.2 室内平面图的表现阶段

8.2.1 方案构思阶段

　　设计人员在了解了任务书之后到达项目现场，结合现状及要求开始对空间进行量房和分析，这时就需要绘制出空间的大致平面效果，以便反映出各空间属性的对应关系。方案的构思是一种初步的草图概念，很多地方不会一次性定稿，甚至会反复调整改动，这就需要设计工作者对空间的整体有一种把握，最终设计出一个较为完整而简练的平面布局图。

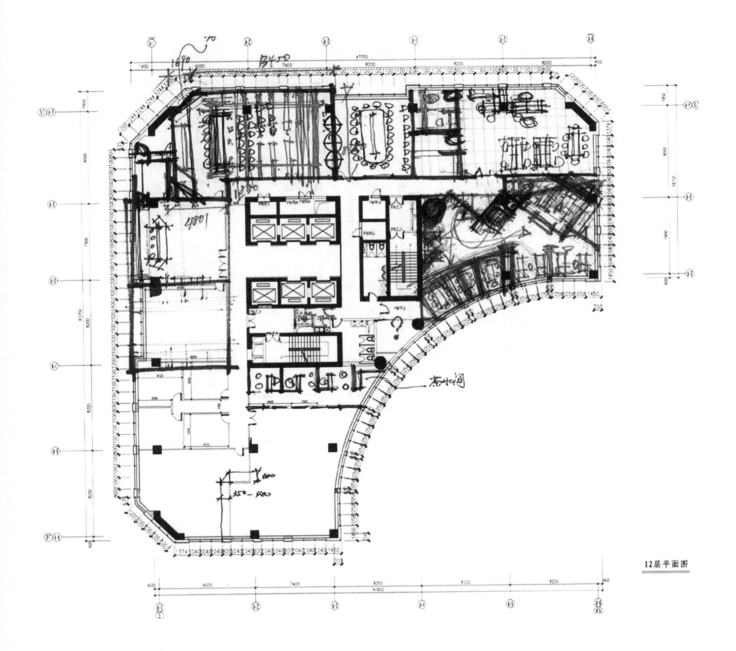

12层平面图

8.2.2 细节深化阶段

　　在平面构思草图的基础上，设计工作者要逐步地进行调整和细化，将空间中各个元素清晰准确地表现出来，此时空间的各个属性一定要符合尺度要求。从设计角度上讲，要重点突出，空间层次分明，让人一目了然。从表现上讲，此时的图纸要能够很好地反映空间设计结构，效果清晰完整，为绘制CAD图纸做充分的准备。

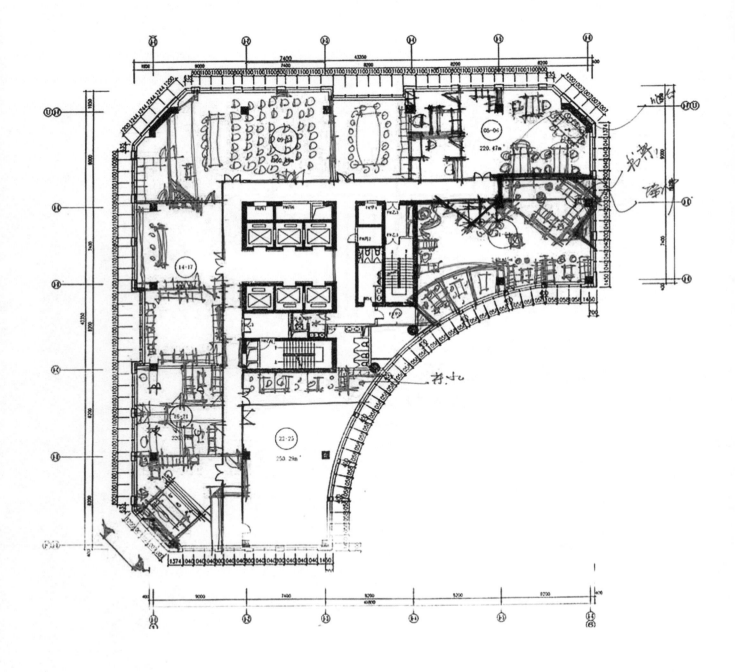

8.2.3 计算机绘制阶段

　　当平面图设计敲定之后，草图表现上也一目了然，这时就可以交给计算机绘图者进行精细的平面图绘制了。计算机效果图是在草图完成之后进行后期深化表现的阶段，因此它一般不会在前期构思时来表现。

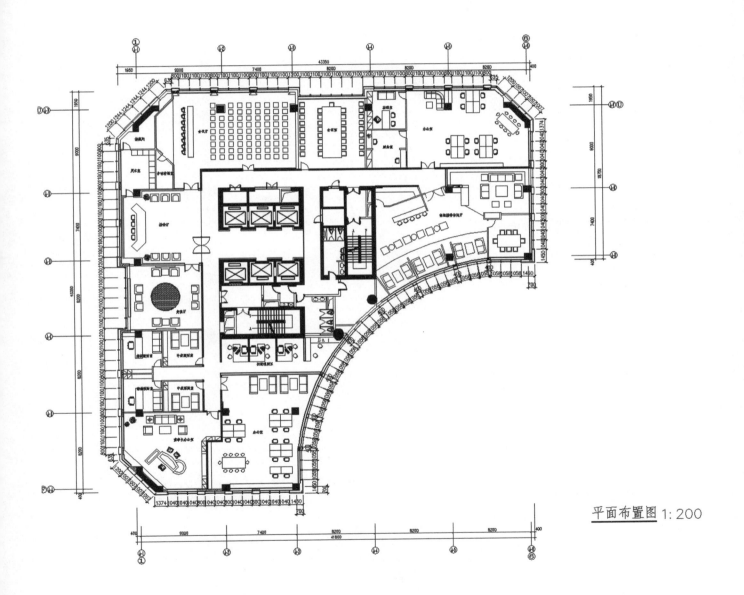

平面布置图 1:200

8.3 室内平面图的绘制步骤

本节我们将针对室内平面图的绘制进行步骤讲解，希望大家通过这样的训练可以了解平面图的绘制方法。

（1）绘制空间墙体的中轴线（单线表示）。

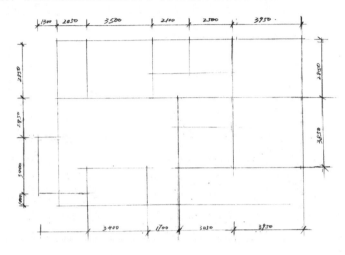

（2）依据轴线，画出空间墙体的厚度，留出门的大小，并用符号表示。

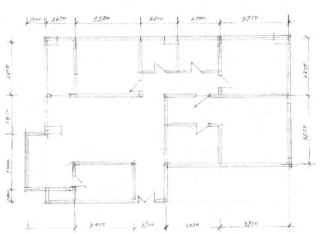

（3）在空间中加入家具元素，要注意彼此间的比例和整体尺度，元素刻画要美观、简洁。

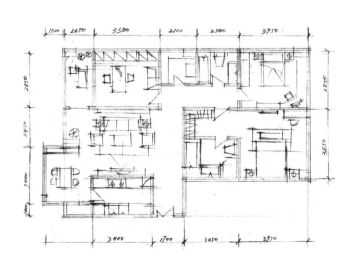

（4）用绘图笔从墙面开始勾画整个空间。

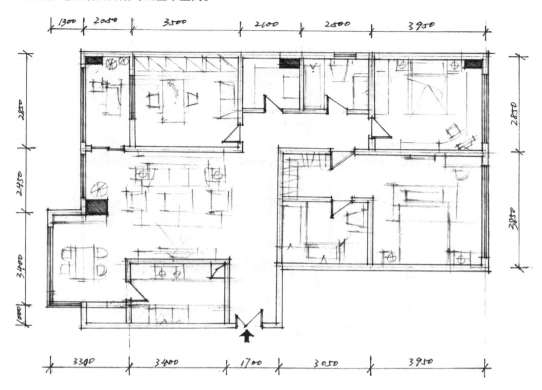

（5）用绘图笔勾画出空间中的家具。

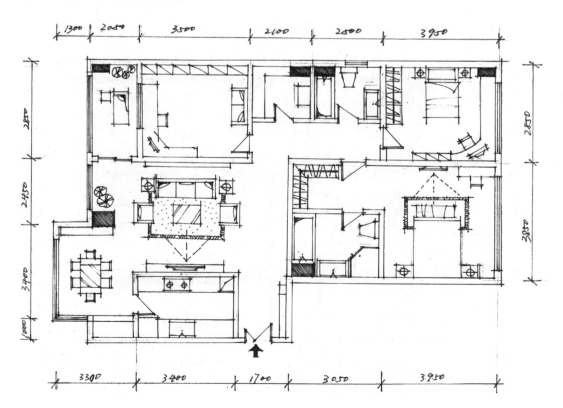

（6）用黑色（或深灰色）马克笔将墙面压重，以体现出明显的墙体，同时标出空间的主要材质。

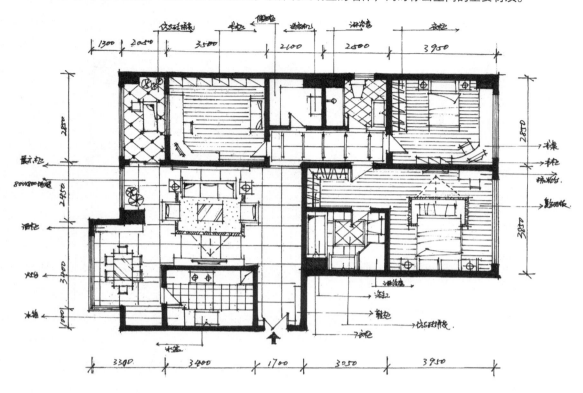

（7）为平面图添加颜色。

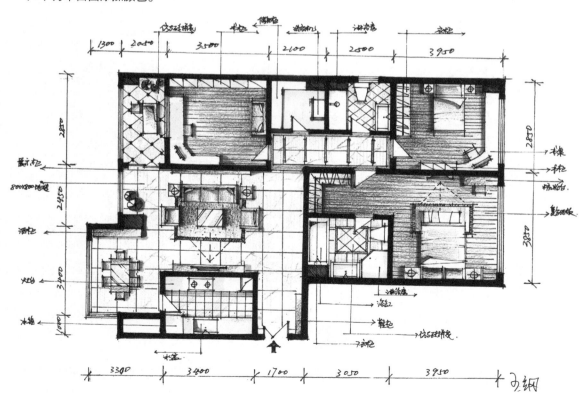

8.4 室内立面图的讲解

8.4.1 立面图的作用

立面图是设计师推敲立面材质、尺度、风格和造型的主要表现方式。设计师在进行设计时，绘制的平面图上常常会有表现不全面之处，或者在设计平面布局时局部考虑不周全，那么立面图就可以弥补平面图上的不当或者不易表现之处（如墙面的一些造型和高差）。因此，我们可以把立面图看成是展现竖向设计构思的一个机会，让专业人士或者甲方能够理解设计者的基本思想。

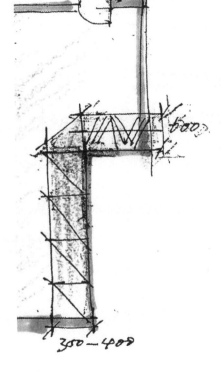

TIPS

从图中可以看出，一般在平面图中是不表现竖向造型设计的，如果设计者打算展示空间部分墙体造型的话，那么就可以绘制立面草图来体现其竖向设计。

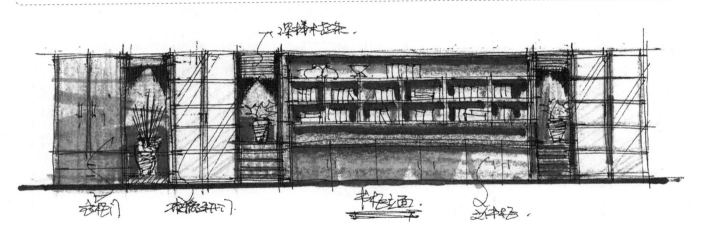

8.4.2 立面图绘制需注意的事项

　　绘制立面图的时候要注意，表现墙面造型的时候不要带有透视，只体现出二维图形即可，如果墙面的造型有起伏，就利用阴影来体现其凹凸感。

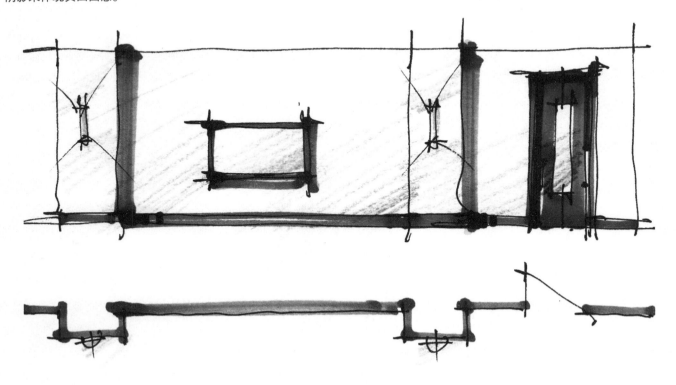

　　立面图上应该有清晰的尺寸和文字标注，对于重要的元素要尽可能地加上标高，这样可以反映出设计者对立面设计有细致的考虑。

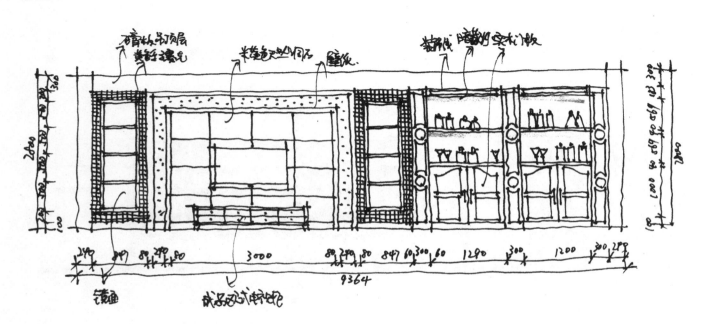

在快速构思阶段，立面图所用颜色不易太多，避免杂乱，要注意主次关系以及明暗虚实变化。

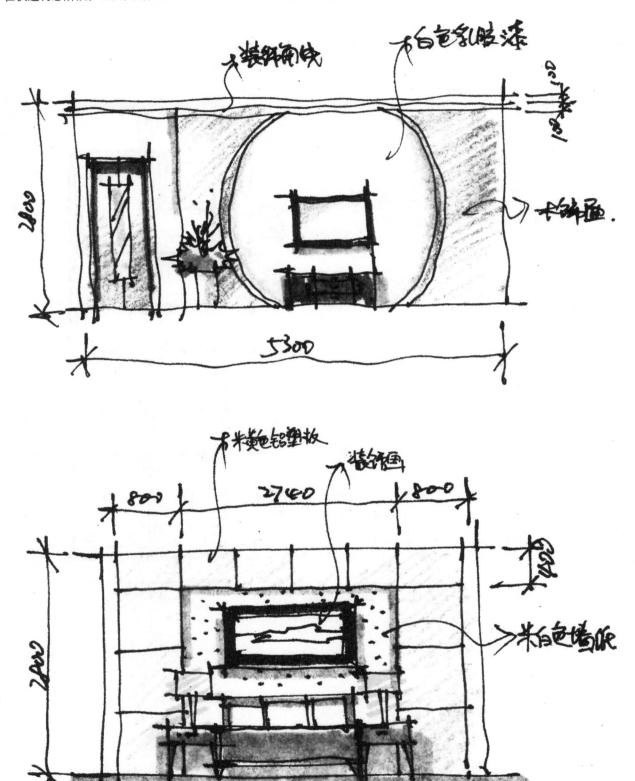

　　立面图的家具也要画成剪影形式，没必要用透视的形式来体现其造型以及前后关系。做到这些就够了，更深入的立面图一般都会用计算机做后期深入。

电视组合

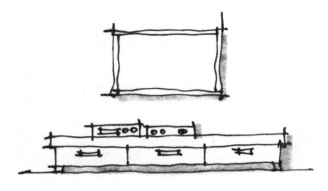

沙发组合

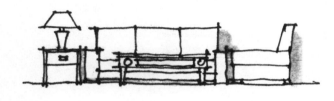

双人床

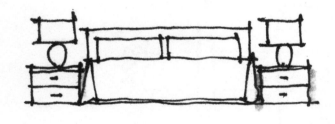

博古架

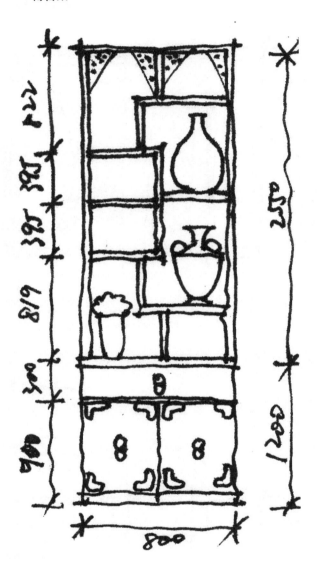

○ TIPS ○

　　立面图的绘制并不一定要画得多完整，只要表达出重点的部位和设计者的设计思路就可以了。另外，在用立面进行构思时，还可以结合透视效果，这样可以清楚地表达设计的立面造型与空间关系。

8.5 室内空间平面图向透视图的转换

8.5.1 视点的定位

在求透视的时候，首先要确定视点（站点）的位置，这对我们来说十分重要，因为视点所在的位置决定了空间的进深大小、透视变形的大小、视觉中心的位置以及距离层次感等一系列的效果控制。

一般情况下，我们都会选择相对能看到室内全景的视点。换句话说，为了尽可能地接近眼睛的大范围观察的感觉，将视点有意识地放到离表达物体远些的位置去求透视。而在一些有限空间中，甚至要把视点定位在墙面以外，"穿过"墙体来求得透视。

例如，当我们画一个小型的卧室空间时，由于空间尺寸的限制，在实际求透视时很难表现出空间的全貌。这时，如果有意识地把视点放到室外，让视点离空间有一段距离的话，那么在图面上获得的透视效果就会显得更舒服些。

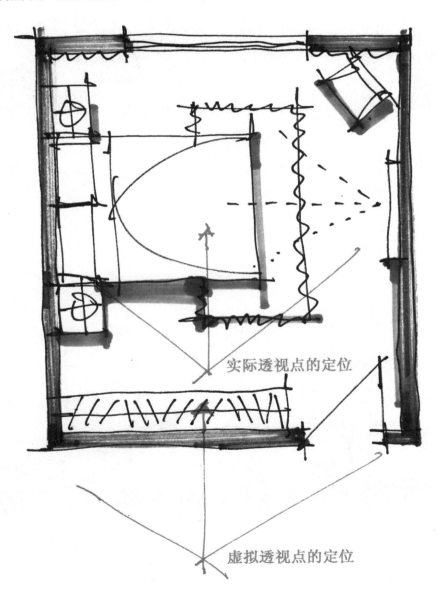

实际透视点的定位

虚拟透视点的定位

实际透视点的定位中，所绘制的画面体现不出空间的全貌，显得不完整。

　　虚拟透视点的定位中，尽管平面图的视点已经定在了空间墙体外，但是在透视图的绘制中能够清楚地体现出空间的全貌，家具也绘制得相对完整。

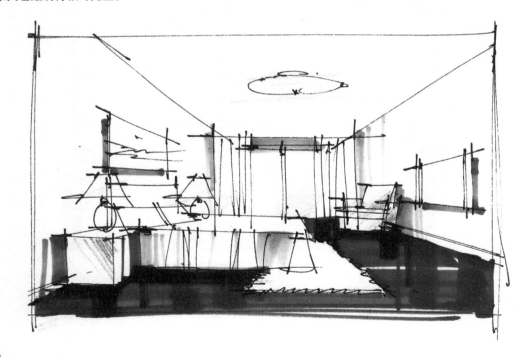

◦ TIPS ◦

　　从上面两张图的对比中可以看出，平面图上表示视点的符号未必与求透视图时的视点相符合，有时会通过一个虚拟视点来表达设计者所要表现的空间范围。

8.5.2 视高的定位

视高是指求透视的时候照相机的高度点（计算机效果图中最常见的），手绘表现中也可以将其理解为是眼睛所在的高度。在不同的空间下，视高的选择也不尽相同，通常会分为仰视、平视和俯视等方面。

大部分的室内空间，都是把视高定位在1.3~1.5m，比较偏低。也就是说，它是以人坐着的状态来定位的。这类空间如家居空间、办公室、会议室等。

坐着的视觉效果

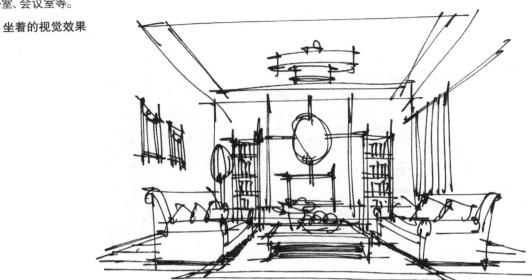

除了坐视之外，如电梯间、走廊等过道空间，在绘制时都是以站着的视高为主，这些空间往往给人留下的都是站着时的感觉，因此绘制时采用相对应的视高可以体现出正确的空间尺度感和真实感。

站立的视觉效果

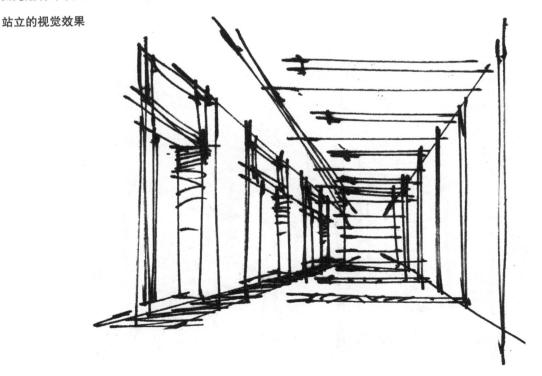

另外两种存在的视高即俯视和仰视，选择这两种视高往往是在表现大型空间的时候，如酒店大厅、室内中庭、百货商场等。

俯视的视觉效果

仰视的视觉效果

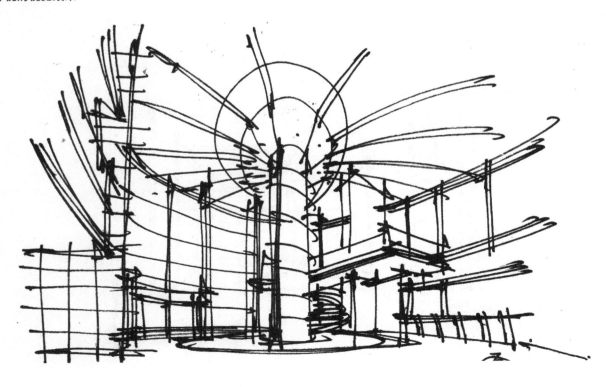

8.5.3 设计重点的体现

在室内方案中，当平面图确定下来后，我们会对空间进行真实感的塑造，这时就需要将二维平面转化成三维空间，让观看者置身场景之中去体验空间感。

初学者在进行透视的基本训练时，往往是对照效果图或者实景照片去进行临摹，而照片中也已经给好了透视角度，初学者可以直接进行空间塑造。但是在真实的设计方案中，临摹照片是不存在的，这时就应该凭借在训练中总结出的透视经验来进行三维空间的推敲和转换。当一个空间需要我们进行透视图转换的时候，我们首先要把握空间的哪个部位是最具设计感的，也就是要体现重点设计的部分。例如，一个空间设计，其某一墙面和天花板是透视图需要体现出来的环节，那么在进行转换时，就要把这两个重点表达清楚，其余的部位可以相对概括。

餐厅卡座局部平面图

餐厅卡座角度透视图

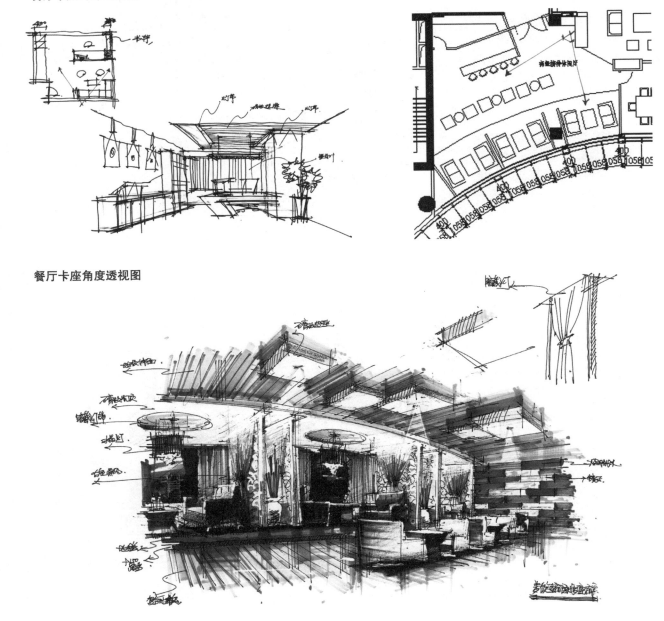

　　总之，方案的表达不是要把空间所有的部位都画得淋漓尽致，而是把能够说明问题，在与客户进行交流中定位的几个重点空间和局部重点部分体现出来就可以了。

　　这种二维向三维转换的过程，也是在训练我们对空间的把握能力。起初大家可以以草图的形式进行多角度的空间转换，直到寻求出一个最适合的三维空间角度来定稿，然后再根据这个草图进行正规效果图的深化绘制。另外，这里还会牵扯到一个透视选择的问题，即为体现全景选择一点透视或者微角透视为妙，还是只表达重点部分选择重在局部的两点透视较好，这些都需要我们进行认真的思考。

　　右边这张图选择了两点透视来体现餐厅空间的局部效果，其目的只是刻画餐桌、餐椅以及墙面部分的装饰，因此并没有采用大空间的透视来描绘空间。

　　这张图的设计重点体现在右侧的柱子结构以及天花板的造型，因此透视的角度选择了偏向右侧的微角透视，而左侧的玻璃幕墙则概括表达。

8.5.4 尺度的控制

　　方案创作实际上自始至终都持续地与尺度相联系，尺度的准确与否与控制能力也是初学者极为重要的基本能力，因此必须加以强化训练，培养尺度感觉。

　　在一般的学校中，学生都会学到人体工程学这个科目。但作者认为，其作业针对学生的训练会比较机械化，在作业过程中都是利用尺子进行尺度衡量，而离开尺子，还是基本不会画，这样不但达不到训练成果，反而会越来越依赖尺规，导致徒手能力下降，甚至尺度感觉丧失。

　　在训练中，我建议初学者用徒手的形式去感觉尺度，无论是空间尺度还是家具之间的尺度，都要很好地把握。因为大多情况下出草图都是提笔就画，根本不会有琢磨的时间，如果初学者对于尺度的把握能力强，会大大提高工作效率，绘制出来的草图将会很准确。相反，画图时犹豫不决，基本功不扎实，会让很多专业人士产生怀疑，从而影响对设计者的信任。

　　那么，在进行训练时，应该用怎样的方法为好呢？在此作者建议可以利用画线条的长短来进行尺度比较，方法如图。

　　我们可以先画出一条500mm长度的线条，然后根据这个线条在下面画出800mm长的线条，最后比较这两根线条彼此的尺度，也就是500mm和800mm之间的长度相差多少，然后再绘制1200mm、1700mm等长度的线条。反复进行这种练习，直至有了一定的准确度，然后可以继续训练相应的空间尺寸以及家具、电器尺寸。通过一段时间的训练，你会发现，你的感觉已经被培养出来，即使不用尺规，准确度也会很高。

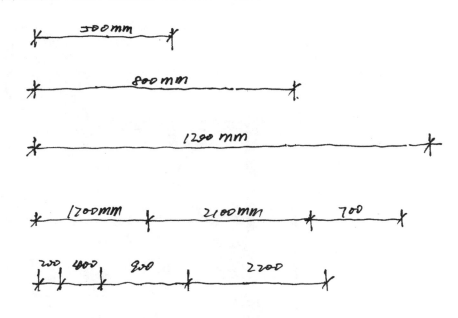

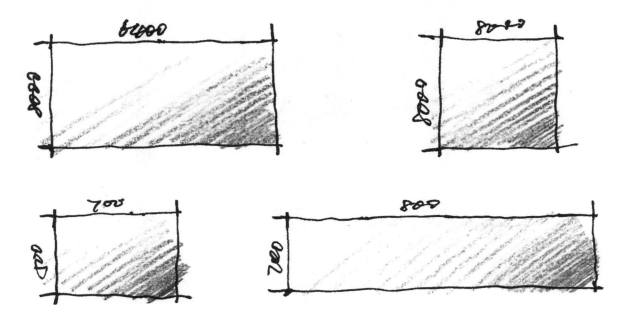

在进行平面图向透视图转换的过程中，我们始终要把握好尺度感，这样才能与事先设计好的平面图相对应。有些设计工作者在做这项工作时，只在造型和画面效果上做文章，往往忽视了尺度的重要性，这就是为什么很多方案在效果图、设计草图中看起来很美，一旦变成实际空间就惨不忍睹的原因所在。

小型会议室平面图

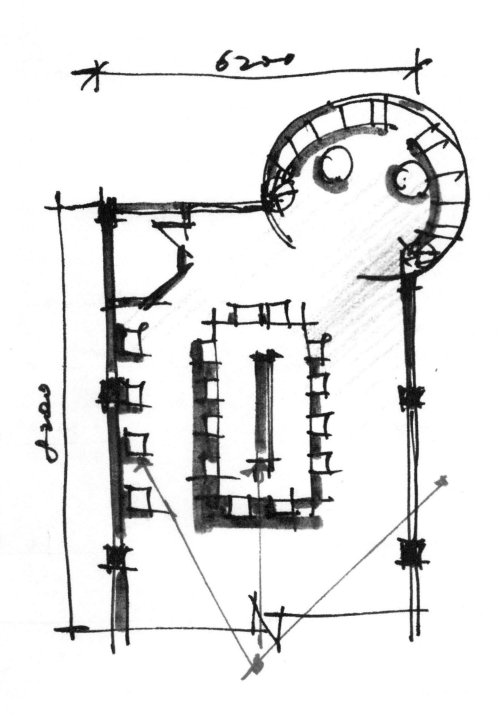

　　这张透视图的错误在于空间尺度感没有把握好，首先是会议桌的宽度画得过窄，两把椅子放在中间显得过于牵强；其次是靠墙面的一排椅子与中间会议桌旁的椅子间距过近，给人空间狭窄的感觉，使整体空间感显得拥挤不透气。这就是在画的过程中没有仔细推敲平面图的空间尺寸和家具的尺度而造成的错误。

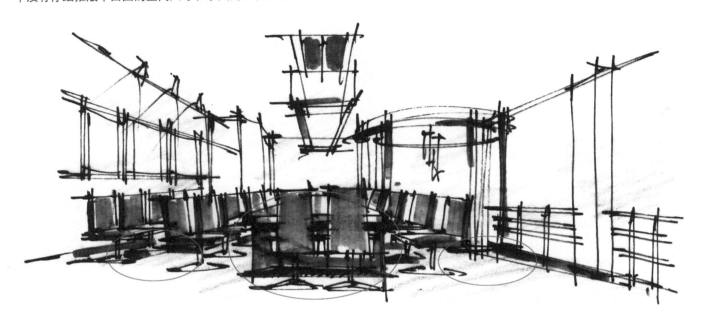

　　经过修改后的透视图显得准确了很多，空间尺度、单体家具的尺度以及过道间的间距，都显得很舒服，比较符合平面图的构思。

　　以上所说的几大要点是在平面图转向透视图中所要注意的知识点，缺一不可，希望大家平时要多加练习，要多研究、试验、归纳和总结，才能促使设计师真正建立起专业的绘图能力，而不是仅停留在一般的"感觉"层面。

8.6 室内设计综合案例展示

套房设计方案一 设计师：蒋阳（艺绘木阳设计工作室）

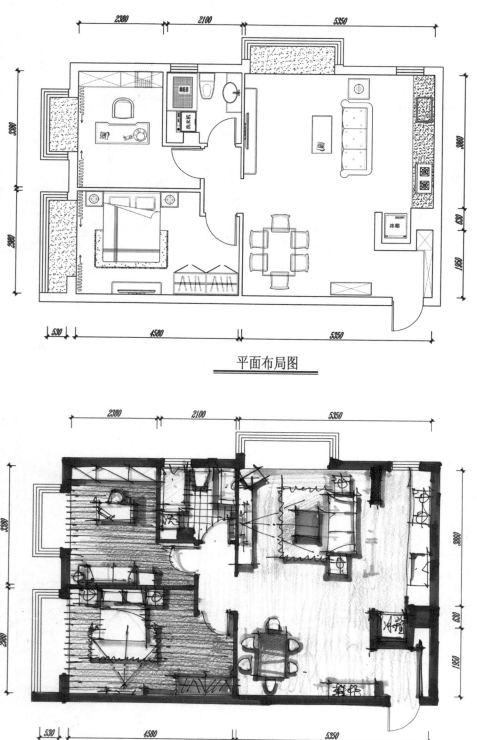

平面布局图

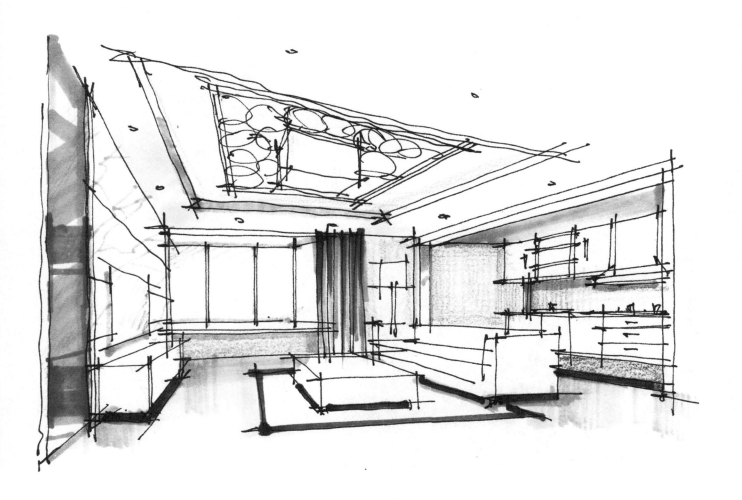

套房设计方案二 设计师：蒋阳（艺绘木阳设计工作室）

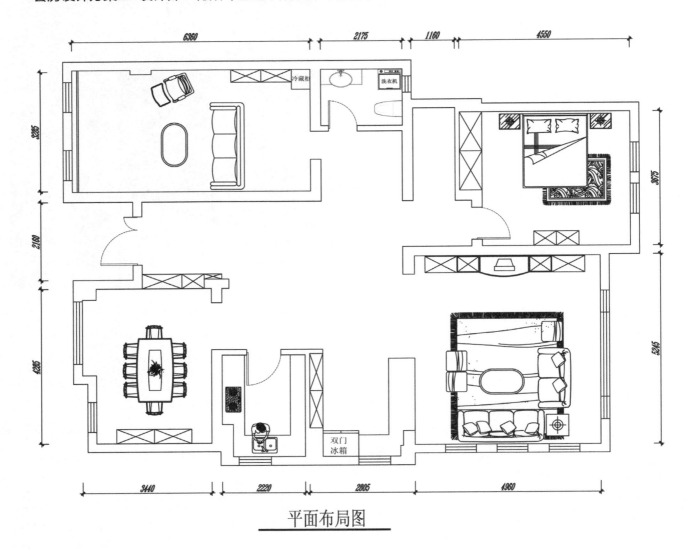

平面布局图

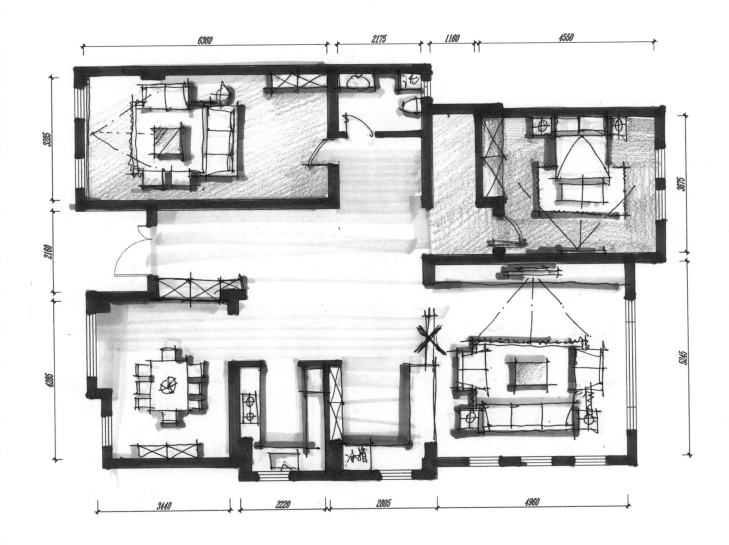

套房设计方案三 设计师：蒋阳（艺绘木阳设计工作室）

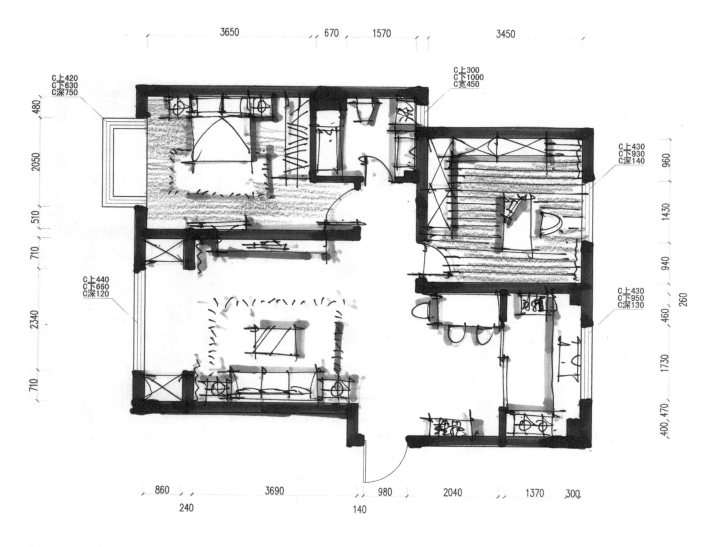

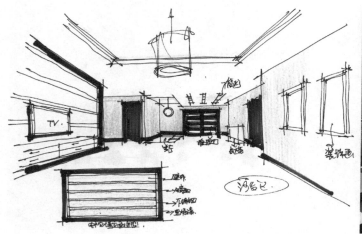

套房设计方案四　设计师：蒋阳（艺绘木阳设计工作室）

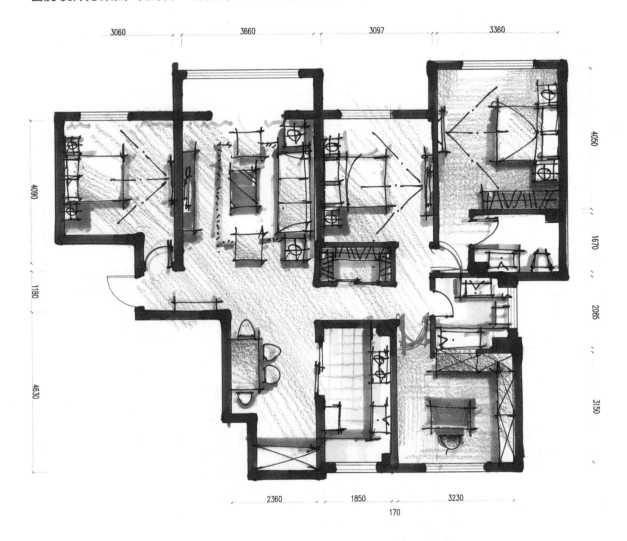

套房设计方案五　设计师：李超（艺绘木阳设计工作室、天津新浪乐居十佳设计师）

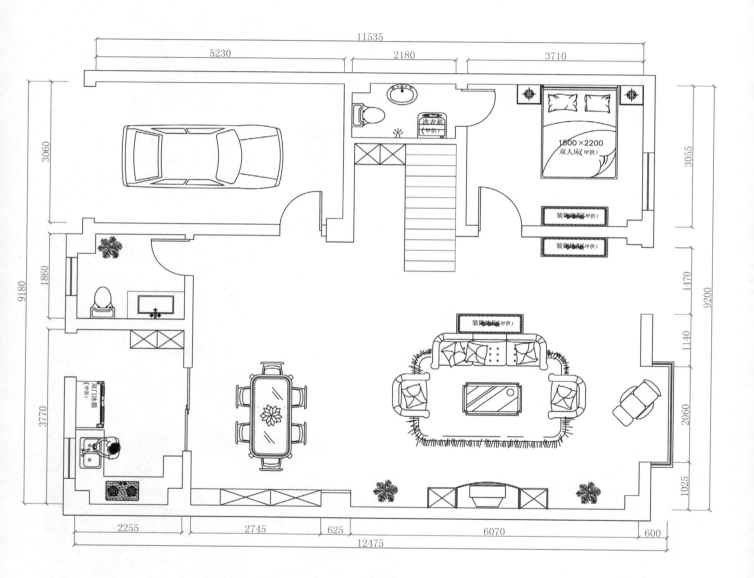

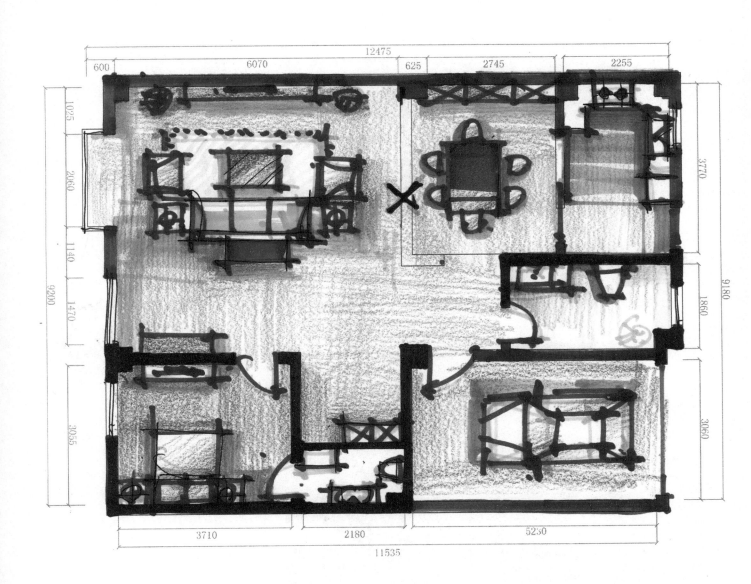

套房设计方案六 设计师：李超（艺绘木阳设计工作室、天津新浪乐居十佳设计师）

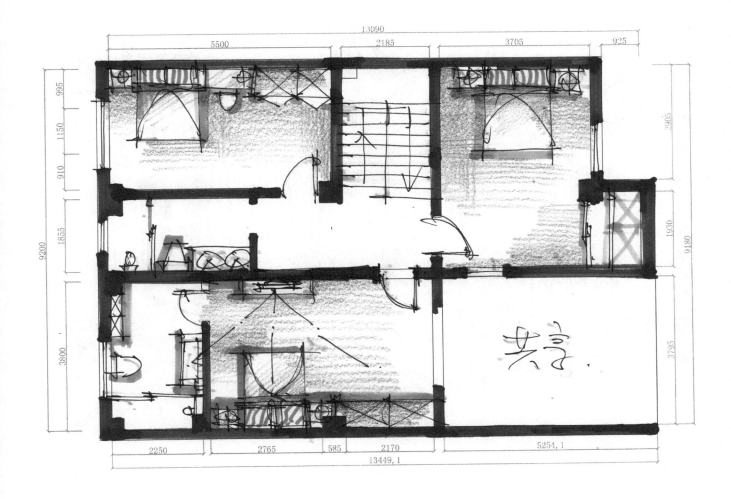

套房设计方案七　设计师：李超（艺绘木阳设计工作室、天津新浪乐居十佳设计师）

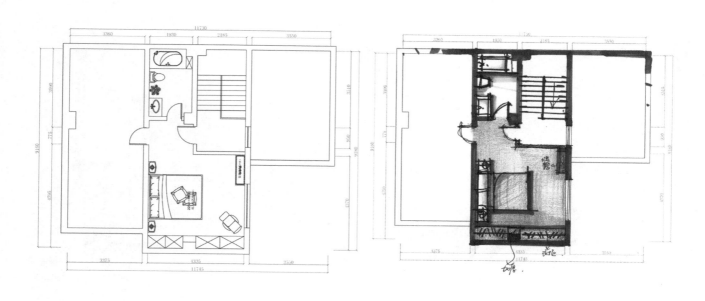

样板房设计方案一 设计师：李超（艺绘木阳设计工作室、天津新浪乐居十佳设计师）

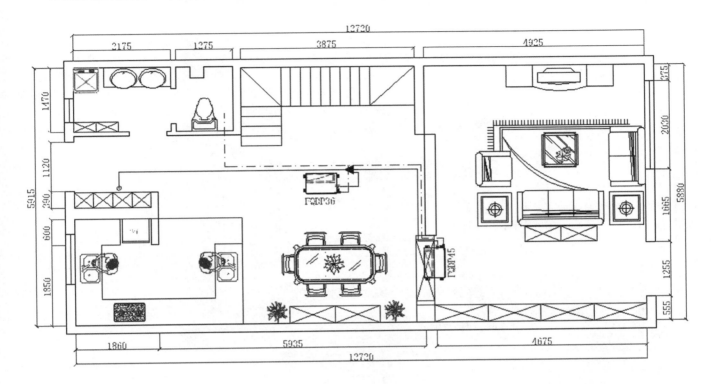

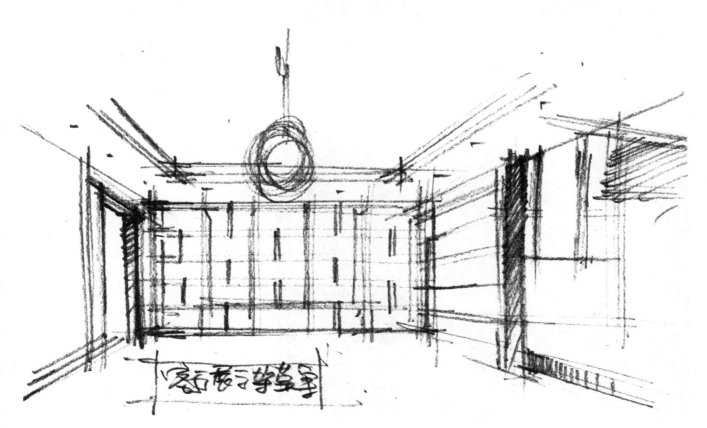

样板房设计方案二 设计师：李超（艺绘木阳设计工作室、天津新浪乐居十佳设计师）

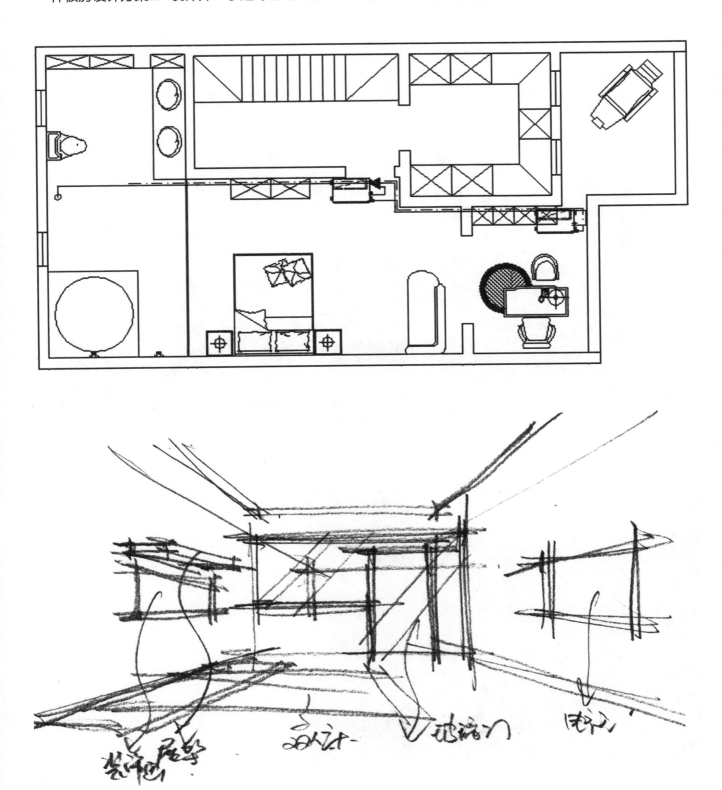

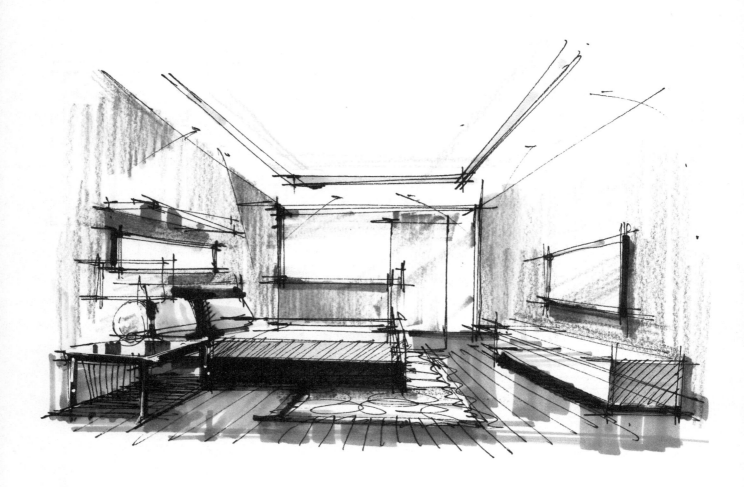

样板房设计方案三 设计师：李超（艺绘木阳设计工作室、天津新浪乐居十佳设计师）

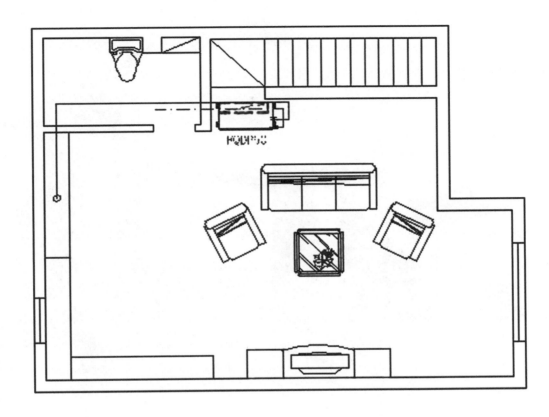

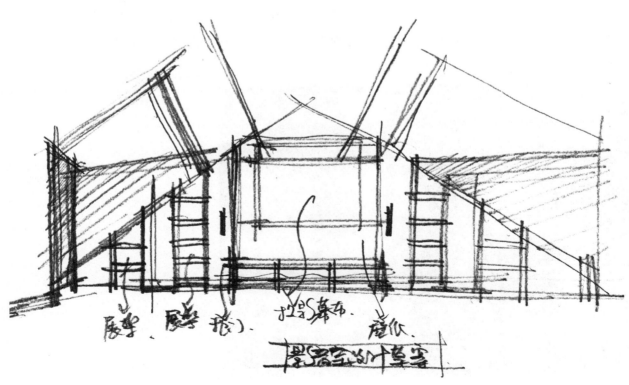

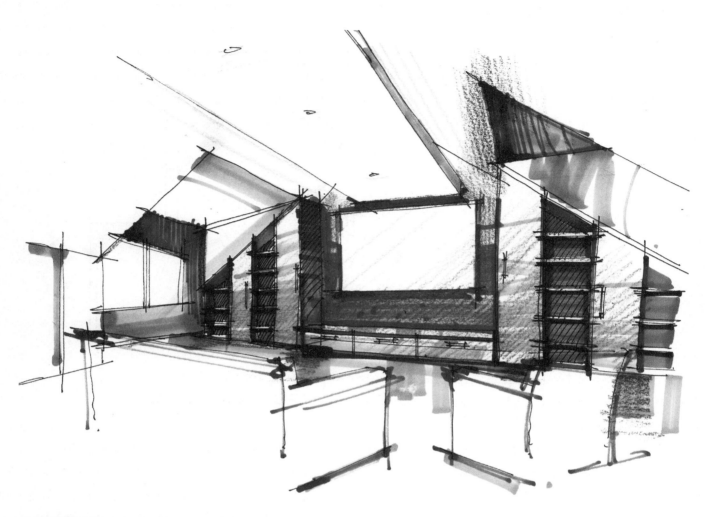

样板房设计方案四 设计师：李超（艺绘木阳设计工作室、天津新浪乐居十佳设计师）

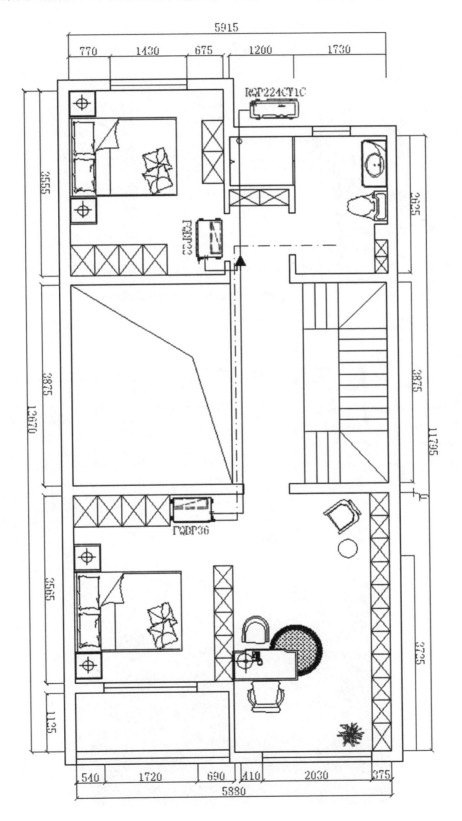

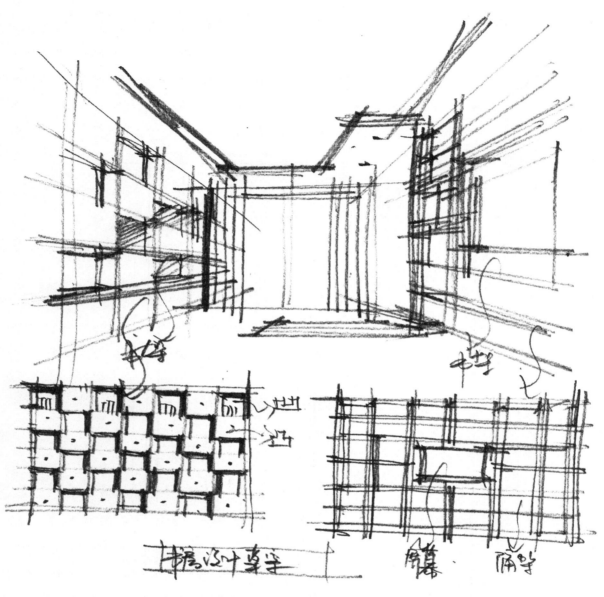